Carmen Wieser

„Corporate Social Responsibility"–
Ethik, Kosmetik oder Strategie?

W0057691

Wirtschaftswissenschaften

Band 11

LIT

Carmen Wieser

„Corporate Social Responsibility"– Ethik, Kosmetik oder Strategie?

Über die Relevanz der sozialen Verantwortung in der Strategischen Unternehmensführung

LIT

Die Drucklegung dieser Arbeit wurde durch die finanzielle Unterstützung der Vorarlberger Landesregierung sowie der Mobilkom Austria ermöglicht.

Satz/Gestaltung: Markus Huber

Bibliografische Information Der Deutschen Bibliothek
Die Deutsche Bibliothek verzeichnet diese Publikation in der Deutschen Nationalbibliografie; detaillierte bibliografische Daten sind im Internet über http://dnb.ddb.de abrufbar.

ISBN 3-8258-8575-5

© LIT VERLAG Wien 2005
Krotenthallergasse 10   A-1080 Wien
Tel. +43 (0) 1 / 409 56 61   Fax +43 (0) 1 / 409 56 97
e-Mail: wien@lit-verlag.at   http://www.lit-verlag.at

Inhaltsverzeichnis

Appendix

Abkürzungsverzeichnis

AA	AccountAbility
Abb.	Abbildung
ATM	Asynchronous Transfer Mode
CC	Corporate Citizenship
CCC	Clean Clothes Campaign
CCNA	Cisco Certified Networking Associate
CED	Committee for Economic Development
CEO	Chief Executive Officer
CEPAA	Council on Economic Priorities Accreditation Agency
CERES	Coalition for Environmentally Responsible Economies
CNAP	Cisco Networking Academy Program
CRM	Cause-related Marketing
CSR	Corporate Social Responsibility
DJSI	Dow Jones Sustainability Index
DSI	Domini 400 Social Index
ECS 2000	Ethics Compliance Standard 2000
GRI	Global Reporting Initiative
ICEP	Institut zur Cooperation bei Entwicklungs-Projekten
ILO	International Labour Organization
IP	Internet Protocol
ISO	International Organization for Standardization
IT	Information Technology
IV	Industriellenvereinigung
KMU	Klein- und Mittelunternehmen
NGO	Non-governmental Organization
OECD	Organisation for Economic Co-operation and Development
S&P	Standard and Poor
SA	Social Accountability

SGE	Strategische Geschäftseinheit
SGS	Société Générale de Surveillance
SVN	Social Venture Network
Tab.	Tabelle
udgl.	und dergleichen
UN	United Nations
UNAIDS	United Nations Aids Programme
UNCED	United Nations Conference on Environment and Development
UNDP	United Nations Development Programme
UNEP	United Nations Environment Programme
UNIDO	United Nations Industrial Development Organization
UNO	United Nations Organisation
USA	United States of America
WBCSD	World Business Council for Sustainable Development
WWF	World Wide Fund for Nature

*«Betrachtet man die
Wissenschaft als ein zweckgerichtetes,
soziales, offenes System,
so sind ihre Probleme aus ihrem Zweck
abzuleiten, d.h. aus den Bedürfnissen der
Gesellschaft, die sie befriedigen soll.
Bei der Managementlehre
liegt dieser Zweck in der Bereitstellung von
Wissen für praktisches Handeln; ohne die
Hoffnung, ihre Aussagen
seien für die Menschen außerhalb der
Wissenschaft nützlich, gäbe es keine
Managementlehre.»*

Hans Ulrich

Einleitung

«Die Welt als eine Erfindung aufzufassen heißt,
sich als ihren Erzeuger zu begreifen;
es entsteht Verantwortung für ihre Existenz.»
Heinz von Förster

Der Name «homo oeconomicus» steht für die ökonomische Rationalität eines Individuums. Methodologischer Individualismus als marktliche Selbstbehauptung, Nutzen- und Gewinnmaximierung zählen zu den Lebensmaximen dieses terminus technicus.[1] Der Markt wird, solange die Marktteilnehmer strikt ihre eigenen Interessen verfolgen, durch die *«unsichtbare Hand»*[2] reguliert. In dieser Logik des Marktes werden Mitarbeiter, Lieferanten, Investoren, Kunden, Geschäftspartner und die Gesellschaft Mittel zum Zweck für das Maximierungsstreben. Eine solche Sicht der Dinge verletzt jedoch den kategorischen Imperativ und damit das Prinzip der Menschenwürde. Die Forderung, dass die Akteure im Wirtschaftsleben längerfristig denken und kalkulieren, kann als ökonomisches Äquivalent zum ethischen Satz von Kant gelten: *«Handle so, dass du die Menschheit sowohl in deiner Person, als in der Person eines jeden anderen jederzeit zugleich als Zweck, niemals bloß als Mittel brauchest.»*[3]

Wenn dieser Zweck in ein System ökonomischer Logik, in ein Unternehmen, transferiert wird, stellt sich die Frage: Was ist eigentlich der Zweck des Unternehmens? Die Globalisierung, die in unserem Alltag bereits Tatsache ist, birgt eine Vielzahl von Chancen in sich. Dennoch können gerade globalisierte Produktionen für neue Probleme und Risiken sorgen, die für die globale Wirtschaft und Gesellschaft zu einer der größten Herausforderungen des 21. Jahrhunderts geworden sind. Neue Strukturen sind gefordert, um auch unserer Nachwelt einen lebenswerten Globus zu hinterlassen. Dabei geht es nicht nur darum, bestimmte Probleme zu vermeiden bzw. sie zu beherrschen und zu minimieren, sondern auch um eine neue Rollenverteilung auf der Bühne des Wirtschaftens und um eine neue Definition, Zuteilung und Überprüfung von Verantwortung. Letztlich geht es um eine ethische Reflexion unternehmerischen Handelns. Die Unternehmen spielen in diesem Prozess eine bedeutende Rolle. In diesem Jahrhundert geht es um eine gestalterische und institutionelle Rolle von Unternehmen, nicht nur um eine existentielle. Dieser wünschenswerte und radikale Paradigmenwechsel stößt auf Widerstände, die zum einen aus einer fehlenden Wahrnehmung und Vision vom Umgang mit globalen Problemen entstanden sind, und zum anderen durch die fehlenden an die Probleme angepassten Strukturen, die einen steuerbaren Umgang mit globalen sozialen Problemen erst möglich machen.[4]

«Corporate Social Responsibility»[5], kurz CSR, ist ein Konzept, das dieser neuen Rolle Ausdruck verleiht und, konkreter, Anregungen gibt für positives, engagiertes Gestalten - um so ein Stück zu einer besseren Welt beizutragen.

Die Frage nach der CSR nahm vor etwa zehn Jahren in amerikanischen Unternehmen ihren Ausgang. Vorerst an Universitäten diskutiert, griff dieses Konzept der sozialen Verantwortung auf Vorstandsetagen über. Heute werden auch zunehmend europäische Unternehmen mit der Verpflichtung befasst, Antworten auf soziale, ethische und ökologische Fragestellungen zu geben. Im Zentrum stehen dabei Sinn- und Gerechtigkeitsfragen sowie soziale und ökologische Auswirkungen unternehmerischer Aktivitäten auf die Gesellschaft und die ökologische Umwelt. Mit diesem Begriff verbreitet sich auch immer mehr die Einsicht, dass den immer vielfältigeren globalen und sozialen Fragen engagiert und proaktiv statt abwartend und reaktiv begegnet werden muss.[6]

Durch die Demonstration der «*Corporate Irresponsibility*»[7] von Unternehmen wie Parmalat, Enron, Worldcom, um nur einige zu nennen, sowie durch das gesteigerte Informationsbedürfnis der immer kritischeren Konsumenten, ist das Bedürfnis nach Antworten in Form von sozialer Verantwortung von Unternehmen groß. Konsumenten sind an Produkten und Erzeugern, die verantwortungsvoll handeln und sich mit Problemen wie Umweltschäden, Kinderarbeit, Menschenrechten usw. auseinandersetzen, interessiert.

Michael Porter kritisiert in einem Artikel im European Business Forum: «*The field of corporate social responsibility has become a religion filled with priests, in which there is no need for evidence or theory. Too many academics and business managers are satisfied with the ‹good feeling› as an argument*».[8] Porter erklärt, dass die Wahrnehmung sozialer Verantwortung nur dann sinnvoll ist, wenn sie das Wettbewerbsumfeld verbessert und zur Wertsteigerung beiträgt. «*If corporate philanthropy is not related to businesses' competitiveness and skills, then governments and philanthropic organisations should be doing it.*»[9] Nach Porter sollen soziale Aktivitäten und Gewinnmaximierung dann vereinbar sein, wenn auch die soziale Performance strategisch ausgerichtet ist.

Dieses Buch widmet sich dem CSR-Konzept per definitionem und den dahinter liegenden Überlegungen zur Legitimation dieses Begriffes. Im Vordergrund steht die Analyse von verschiedenen Zugängen von Unternehmen zu dieser Thematik. Die zentrale Fragestellung lautet: *Welche Relevanz haben CSR-Aktivitäten in der Strategischen Unternehmensführung?*

Dieses Buch soll mögliche Antworten auf nachstehende Fragestellungen finden:

- Wie und warum hat sich die CSR entwickelt?
- Welche Themen und Instrumente werden unter diesem Begriff subsumiert?
- Was bedeutet CSR und wie lässt sie sich definieren?
- Was ist Sinn und Zweck des Unternehmens?
- Wie lässt sich die CSR in die Strategische Unternehmensführung integrieren?
- Anhand welcher Kriterien lässt sich die Relevanz der sozialen Verantwortung in der Strategischen Unternehmensführung analysieren?
- Welche Handlungsmöglichkeiten gibt es im Rahmen der CSR und welche Anreize können Unternehmen geboten werden CSR pro-aktiv umzusetzen?
- Wie werden die verschiedenen Zugänge der CSR in der Praxis positiv umgesetzt und zur Win/Win-Situation?

Der *erste Abschnitt* befasst sich mit der Entwicklung der Corporate Social Responsibility und der begrifflichen Abgrenzung und Einordnung. Im *ersten Kapitel* wird ein geschichtlicher Rückblick vorgenommen, der vom 21. Jahrhundert bis zurück ins Mittelalter reicht, im *zweiten Kapitel* wird die aktuelle Situation und der Handlungsbedarf an sozialer Verantwortung von Unternehmen diskutiert, im *dritten Kapitel* sollen verschiedene CSR-Initiativen Aufschluss über die bereits vorhandenen Prinzipien und Rahmenbedingungen bzgl. CSR geben, im *vierten Kapitel* wird eine begriffliche Abgrenzung der CSR und die Einordnung in das Gesamtkonzept vorgenommen und im *fünften* und damit letzten *Kapitel* des ersten Abschnitts werden die verschiedenen CSR-Betätigungsfelder anhand von Fallbeispielen konkretisiert.

Im *zweiten Abschnitt* wird das CSR-Konzept in das Gesamtsystem der Strategischen Unternehmensführung integriert und die Relevanz der sozialen Verantwortung für die Strategische Unternehmensführung mit verschiedener Kriterien beschrieben und diskutiert. Dabei werden im *siebten Kapitel* die Zielsetzungen von Unternehmen abgehandelt und im *achten Kapitel* wird die CSR in das Gesamtkonzept der Strategischen Unternehmensführung nach Hinterhuber integriert und anhand der verschiedenen Elemente beschrieben. In einem weiteren Schritt werden im *neunten Kapitel* die Ziele von CSR-Aktivitäten in den drei Wohltätigkeitskategorien mit der CSR-Matrix beschrieben und analysiert.

Im Anschluss daran wird mittels Best-Practice-Fallbeispielen versucht, die Win/Win-Situation von Unternehmen und Gesellschaft/Umwelt aufzuzeigen um Anreize für Unternehmen, die sich der sozialen Verantwortung stellen möchten, zu schaffen. Außerdem soll mit diesen Beispielen der CSR-Matrix als eingeführtes hermeneutisches Modell Evidenz verliehen werden.

Da in diesem Buch häufig auf englischsprachige Literatur zurückgegriffen wird und auch diverse Begriffe um die CSR der englischen Sprache entstammen, wäre es für den Leser irreführend, etablierte Begriffe wie z.B. «Corporate Citizenship» oder «Stake- bzw. Shareholder» ins Deutsche zu übersetzen. Auch diverse Zitate sind in englischer Sprache in die Arbeit integriert um die ursprünglichen Aussagen möglichst authentisch wiederzugeben. Wenn von Unternehmern, Managern, Mitarbeitern, Arbeitern usw. geredet wird, schliesst dies selbstverständlich Frauen mit ein.

«Was ist das Business des Business?
Wohlstand erwirtschaften?
Die Wirtschaft in Schwung bringen?
Den Bedarf einer Gesellschaft decken?
Gewiss.
Doch da ist noch etwas.
Das Endziel jeder menschlichen Bestrebung – und
alle Geschäfte sollten uns dazu bringen, immer
erfolgreicher dafür zu wirken – besteht darin, eine
moralische Weltordnung zu schaffen:
ein globales ethisches Netzwerk.»

Peter Koestenbaum

1. Ein geschichtlicher Rückblick

«Es ist das Wesen der Macht, Schutz zu gewähren.»
Blaise Pascal

Im Jahr 1992 fand die UNCED-Konferenz (United Nations Conference on Environment and Development) in Rio de Janeiro statt. Erstmals wurde darüber gesprochen, dass Entwicklung nicht nur durch wirtschaftliche sondern auch durch ökologische und soziale Aspekte entscheidend vorangetrieben werden kann. Dieser Gipfel war die erste Lobby in dieser Form, die die wichtige Rolle der Unternehmen für wirtschaftliche und soziale Entwicklung erkannte, wenn auch mehr aus der Problemperspektive heraus. Zehn Jahre später wurden beim Weltgipfel für nachhaltige Entwicklung in Johannesburg die Unternehmen nicht nur als Teil des Problems gesehen sondern vielmehr als Problemlöser.[10] Im selben Jahr wurde beim Weltwirtschaftsforum in Davos das «Global Corporate Citizenship» zur neuen Herausforderung für Führungskräfte und Vorstände. 38 leitende Angestellte (CEOs) von multinationalen Konzernen wie Coca-Cola, Siemens und Renault haben ein Dokument unterzeichnet, das die Corporate Social Responsibility (im folgenden CSR genannt) als einen zentralen Bestandteil von Unternehmensstrategien würdigt.[11]

CSR als die soziale Verantwortung von Unternehmen galt ab den fünfziger Jahren[12] in den USA im Rahmen der «business and society»-Forschung eher als akademische Übung, bis sie vor knapp zehn Jahren vehement in die Vorstandsetagen überging. Die Auffassungen über die CSR sind in den USA und Europa unterschiedlich. Als «soziale Verantwortung» wird in Europa vermehrt die Assoziation an das System der sozialen Marktwirtschaft und damit an einen gegebenen Zustand verstanden. In den USA hingegen wird bei CSR an aktive Maßnahmen und praktische Programme zur Erleichterung verantwortlichen Handelns im Geschäftsalltag gedacht.[13]

CSR scheint ein relativ junges Konzept zu sein, doch wie «alt» ist soziale Verantwortung von Unternehmen überhaupt? Nachfolgend ein kurzer Streifzug vom Mittelalter bis ins 21. Jahrhundert, um die Geschichte der sozialen Verantwortung von Unternehmen zu skizzieren.

1.1 Mittelalter und frühe Neuzeit

Bereits in der mittelalterlichen Kultur finden sich Modelle der privaten wie auch staatlichen sozialen Verantwortung. Um ein Verständnis dieser Rolle in dieser Ära zu vermitteln, führt Clarence Walton[14] drei allgemeine Aussagen ein, die im Folgenden kurz erklärt werden.

Das Mittelalter war eine statusorientierte Welt

Im Mittelalter stellte Landbesitz das primäre Statussymbol dar, welcher als Synonym für eine gesicherte Versorgung galt. Zwischen Grundherren und solchen, die auf dem Besitz der Grundherren lebten, galten wechselseitige Verpflichtungen, die u.a. die soziale Verantwortung der landbesitzenden Klasse definierten. Etwa in der Mitte des 14. Jahrhunderts wurde dieses Verhältnis durch die Pestepidemie neu geordnet. Durch den akuten Arbeitskräftemangel, der mit dieser Krankheit einherging, wurden die landlosen Arbeiter von den Städten angelockt und den Feudalherren blieb nichts anderes übrig als sich von diesen Kontrakten zu verabschieden. Die Sicherheit, die ihnen die Feudalherren boten und die jenen den Status verlieh, wurde gegen Freiheit eingetauscht. Es entstand eine neue Gesellschaft, deren Verpflichtungen auf Verträgen basierten.[15]

Die vorherrschende ökonomische Ethik wies dem Verkäufer eine direkte moralische Verantwortung zu, gerechte Preise festzusetzen, und eine ebensolche dem Arbeitgeber, Bedürfnislöhne zu bezahlen.

In dieser Zeit wurde die mittelalterliche Philosophie durch die Anwendung von fundamentalen Prinzipien aus der Bibel und den Zehn Geboten, die die persönlichen, unmittelbaren Geschäftsbeziehungen regeln, definiert.

Die Kirche als die dominante Institution dieser Periode bot einen Wertekatalog, der die soziale Rolle Gewerbetreibender definierte und im Konfliktfall als letzte Berufungsinstanz fungierte.

In der Zeit der Säkularisierung (der institutionelle und mentale Prozess der Trennung von Kirche und Staat) waren es die Kirchenrechtler mit ihren Interpretationen, auf die die Gesellschaft in Konfliktsituationen hörte. In der mittelalterlichen Vorstellung konnte ein Gewerbebetrieb nur im Interesse des Gemeinwohls geführt werden, denn die Gesellschaft rangierte vor dem Individuum. Mit Ausnahme des jährlichen Marktes wurden die lokalen Handwerker vom Staat durch strikte Regeln vor Konkurrenten, die von außen kamen, geschützt. Auch die qualitativen Zustände der Verkaufswaren wurden von lokalen Behörden begutachtet und v.a. bei Preisfestsetzungen kontrolliert.

1.2 Das Zeitalter des Merkantilismus

Der Merkantilismus, der die Zeit zwischen 1500 und 1800 prägte, wird als die Wirtschaftslehre des Absolutismus mit dem Ziel der Maximierung inländischen Reichtums definiert.[16] Als Indikatoren dienten die inländischen Bestände an Gold und Silber und auch der Glauben an wirtschaftliche Autarkie und an den Staat, der das industrielle Wachstum anleitete. In diesem Zeitalter fand eine Transformation vom Statusprinzip zur Vertragsregelung statt. Damit sollte nach Vertragsabschluss ein Zustand der Gleichheit zwischen den Kontraktpartnern einkehren. In der Praxis wurde jedoch meist mit dem allmächtigen Staat verhandelt, der den privaten Akteuren bestimmte Rollen zuwies.[17] Jedes Unternehmen, dass sich der merkantilistischen Philosophie verschrieb, wurde kräftig aus der Staatskassa unterstützt und damit zum quasi-öffentlichen Betrieb. Das öffentliche Wohl wurde durch einen konstanten Geldfluss in die Staatskasse definiert. Weiters betrieb der Staat Exportförderungen wie auch die Förderung der Berufsausbildung in exportorientierte Sektoren, expansive Familienpolitik und er verbot den Import von Fertigerzeugnissen, um die inländische Wertschöpfung zu maximieren.[18]

Der Merkantilismus war ein Mittel zum Erwerb von Kontrolle und Macht, der mit der Maximierung des öffentlichen Wohls auch das Individualwohl förderte und damit die Ausbeutung der Händler, Arbeiter und Ressourcen in den Kolonien zum Wohle des Mutterlandes rechtfertigte. Nach Walton propagierte der Merkantilismus einen doppelten Moralstandard: *«1. Die unbedingte Verpflichtung, im Interesse der eigenen Regierung zu handeln, und 2. die Vernachlässigung der Interessen von Ausländern. Er tolerierte die Ausbeutung des Menschen durch den Menschen in einem Ausmaß, welches die mittelalterliche Ideologie niemals zugelassen hätte.»*[19]

1.3 Das Zeitalter der Industrialisierung

Mit der Industrialisierung zwischen 1800 und 1950 verdrängte der Individualismus den Kollektivismus. Nun dominierte das Vertragsprinzip die Gesellschaft. Der freie Wettbewerb sorgte mit der *«unsichtbaren Hand»* dafür, dass das Gewinnstreben der Einzelnen letztlich der ganzen Gesellschaft nützte.[20] Anders als im Merkantilismus führten nun Märkte zum wirtschaftlichen Gleichgewicht und internationaler Handel wurde nicht mehr als Nullsummenspiel gesehen. Die Verfolgung des Eigennutzes führte zur Maximierung der gesellschaftlichen Wohlfahrt.[21] Der Markt- und Moralphilosoph Adam Smith meinte dazu: *«Nicht vom Wohlwollen des Metzgers, Brauers und Bäckers erwarten wir, was wir zum Essen brauchen, sondern davon, dass sie ihre eigenen Interessen wahrnehmen. Wir wenden uns nicht an die Menschen-, sondern an ihre Eigenliebe, und wir erwähnen nicht die eigenen Bedürfnisse, sondern sprechen von ihrem Vorteil.»*[22]

Die Rolle des Staates wurde in seinen Aufgaben beschnitten und lediglich auf die Ordnungsfunktion und das Angebot einer minimalen öffentlichen Infrastruktur beschränkt. Die Ausbeutung fremder Länder, die im eingangs beschriebenen Merkantilismus stattfand, schwappte nun auch auf die Ausbeutung der Naturressourcen über. Diese Eroberungs- und Plünderungsaktivitäten führten zu einer Verminderung der Arbeitskosten und zu einer vervielfachenden Erzeugung als Zweck und Ziel für die moderne Gesellschaft. An dieser Stelle sei noch erwähnt, dass dies das Fundament für den später aufkommenden Sozialdarwinismus darstellte, der die Ausbeutung der Arbeiter als Notwendigkeit im Kampf um das wirtschaftliche Überleben rechtfertigte.[21]

Ganz nach der ironischen Definition von Max Frisch *«Vernünftig ist, was rentiert»*[24] zählte in dieser Zeit jeder Nutzen, der mathematisch quantifizierbar war.[25] Ganz anders als in der mittelalterlichen Welt, in der Wohltätigkeit noch als Sinn und Zweck per se praktiziert wurde, betrachtete nun die industrielle Welt die Wohltätigkeit als ein Übel, das sich nicht als profitabler Ertrag auswirkte. Es gab so etwas wie eine *«Ethik der Produktion, die den Taylorismus* [der die exakte Anwendung von Prinzipien zum rationellen Einsatz von Menschen und Maschinen im Produktionsprozess durch Auflösung der Einheit von Planung und Ausführung der Arbeit zum Ziel hatte[26] *unvermeidlich und den Sozialdarwinismus* [, die Ausbeutung der Arbeitskräfte,] *unentbehrlich machte»*[27].

1.4 Erste individuelle Antworten auf soziale Probleme

Nachdem in der zweiten Hälfte des 19. Jahrhunderts die Ausbeutung ein noch nie zuvor gesehenes Ausmaß erreichte, machten sich erstmals sehr reiche Menschen Gedanken, wie sie ihre implizite Macht sinnvoll für die Gemeinschaft einsetzen könnten. Im Folgenden wird kurz auf drei prominente amerikanische Großindustrielle eingegangen, die aus unterschiedlichen Gründen aktiv soziale Verantwortung übernahmen.

Andrew Carnegie verkörperte eine Philosophie, die die individualistischen und quantitativen Merkmale der Industrialisierung amerikanischer Prägung widerspiegelte. Als Stahlmagnat verdankte er seinen Reichtum dem Wachstum des Fabriks- und Eisenbahnsystems. Seiner Auffassung zufolge sollte ein Mann mit einem gewissen Vermögen ein bescheidenes Leben führen und Stiftungen zur Förderung des Allgemeinwohls einrichten, wodurch er den Staat indirekt aufforderte sich von sozialen Verpflichtungen zurückzuziehen. Seine Zuwendungen gerieten allerdings auch ins Kreuzfeuer der Kritik: Carnegie nahm und gab zwar, im Geben aber war er höchst selektiv. Seine Aktivitäten wurden in Bezug auf die Kontrolle privater Machtgruppen und die Ausbeutung der Arbeiter und Verbraucher als Gefahr für die Öffentlichkeit verurteilt.[28]

John D. Rockefeller setzte sich das Ziel, die negativen Folgen des Wettbewerbs durch eine zentrale Planung zu mindern. Als Ölmagnat investierte auch er in universitäre Ausbildung und schuf eine Stiftung zugunsten der

University of Chicago. Er spendete mehrere Jahre dem General Education Board einen Betrag von 53 Millionen Dollar mit dem expliziten Auftrag, es für die Bildung der Schwarzen in den südlichen Bundesstaaten zu verwenden. Auch im Kampf gegen die Hakenwurmkrankheit, an der um 1910 schätzungsweise fast zwei Millionen Menschen erkrankt waren, rief er eine Stiftung ins Leben. Auch seine Aktivitäten wurden, was die Einflussnahme auf die Empfänger-Institution betrifft, von Kritikern unter die Lupe genommen.[29]

Als dritte Persönlichkeit gab **Henry Ford** eine pragmatische Antwort auf die soziale Rolle von Unternehmen. Bis zum Ausbruch des ersten Weltkrieges war vor allem die rationellere Gestaltung des Arbeitsplatzes und damit die eher unwürdige Behandlung der Arbeiter auf ihn zurück zuführen. Die Entwicklung eines Automobils, das für Durchschnittsbürger erschwinglich und alltagstauglich war, ließ dann später Ansätze von sozialer Verantwortung erkennen. Bei Kriegsausbruch, wurde die Welt hellhörig, als Ford die Arbeiterlöhne von 2,34 auf 5 US-Dollar pro Tag anhob und damit offen gegen das Gesetz von Angebot und Nachfrage verstieß. Wenig später eröffnete er eine Berufsschule für männliche Jugendliche, die primär aus ärmeren Schichten ausgewählt wurden. Seine Einstellungspolitik gab damals auch Behinderten, ehemaligen Strafgefangenen, Epileptikern, Schwarzen und ehemaligen psychisch Kranken eine Chance. Fords Modell der sozialen Verantwortung konzentrierte sich stark auf die Berücksichtigung der Interessen der internen Stakeholder der Ford Motor Company, wie etwa den Besitzern, Managern und Arbeitern.[30]

Alle drei Wohltäter, Carnegie, Rockefeller und Ford, durchliefen zwei Grundphasen: Zuerst wurde das Geld z.T. rücksichtslos gescheffelt, und dann fürsorglich verteilt. Denn erst durch den unternehmerischen Erfolg in der weitgehend freien Marktwirtschaft wurde die Grundlage für die empfundene Pflicht zum Stiften geschaffen. Die Motive der sozialen Verantwortung überlappen sich, dennoch werden sie in der Literatur als Prototypen für unterschiedliche Modelle respektive Zugänge sozialer Verantwortung diskutiert. Walton sieht in Carnegies Philosophie individualistische und quantitative Elemente, die den amerikanischen Industrialismus prägten, und deutet auf das spätere strategieorientierte Verhaltensmodell der Sozialphilosophie hin. Bei Rockefeller steht seiner Meinung nach der Millenarismus im Vordergrund, der sich stark dem bürgerlichen Modell sozialer Verantwortung annähert, und aus Fords Politik leitet Walton ein mitarbeiterorientiertes Verhaltensmodell ab.[31]

1.5 Der Beginn des 20. Jahrhunderts

In der ersten Hälfte des 20. Jahrhunderts kann die soziale Verantwortung von Unternehmern als die Aufgabe beschrieben werden, die sich primär auf Arbeitsrechte und interne Angelegenheiten konzentrierte. Durch den Einzug von Steuern übernahm der Staat die Verantwortung über kulturelle und soziale Angelegenheiten. Da es trotz individuellen Engagements nicht gelang, die Ungerechtigkeiten des industriellen Zeitalters zu beheben, übernahm der Staat die Verantwortung, sich in den Bereichen Gesundheit, Infrastruktur und Bildung zu betätigen. Doch mit den fünfziger Jahren stieg der Druck der Öffentlichkeit gegenüber der sozialen Verantwortung von Unternehmen unter anderem durch die immer professioneller organisierten Interessensgruppen (wie z.B. durch die Umweltorganisationen und Gewerkschaften). Diese Forderungen verstärkten sich durch den Rückzug des Staates mit der Reduzierung der Ausgaben für das soziale Wohl der Bürger. Mit dem liberalistischen Wirtschaftssystem im Hintergrund wurde durch Konsumenten-Lobbies und politische Veränderungen der Ruf nach einer neuen Definition der Rollen von Staat und Wirtschaft erstmals in den USA und im Vereinigten Königreich laut. Durch das Vorantreiben von

Deregulierungs- und Privatisierungsprozessen wurde die Verantwortung immer mehr in die Hände der bürgerlichen Gesellschaft und damit hin zur Privatwirtschaft transferiert. Durch expansive Bildungspolitik und die schnelle Verbreitung von Informationen, die nicht zuletzt durch die rasante Entwicklung des Internets vorangetrieben wurde, stieg die Stärke der Einflussnahme von Bürgern.[32] Das asymmetrische Machtverhältnis zwischen Wirtschaft und Gesellschaft kippte zugunsten der Konsumenten.

Die sozialen Aktivitäten der Unternehmer in der jüngeren Vergangenheit können primär unter den Aspekten zweier Konzepte, dem Paternalismus und der Philanthropie, dargestellt werden. Während sich auf der einen Seite der Paternalismus verstärkt auf die internen Stakeholder konzentriert, sind beim Philanthropie-Ansatz die externen Stakeholder von Bedeutung.

Paternalismus	Philanthropie
Firmen bzw. Firmeneigentümer fühlten sich verpflichtet, sich um ihre Mitarbeiter zu kümmern und eine Art «Vaterrolle» einzunehmen. Manchmal war dieser Impuls feudaler manchmal religiöser oder moralischer Natur.	Die Philanthropie baute ebenfalls auf moralischen und religiösen Überzeugungen auf, war aber mehr durch eine externe Dimension gekennzeichnet. Diese Art der Wohltätigkeit wirkte sich auf die gesamte Gemeinschaft aus, was zur Gründung von Schulen, Krankenhäusern und anderen Einrichtungen durch reiche Geschäftsleute führte.

Tab. 1: Paternalismus versus Philanthropie (in Anlehnung an Industriellenvereinigung Vorarlberg 2004)[33]

Paternalismus und Philanthropie sind auch im 21. Jahrhundert noch aktuell. Nachdem nun ein Auszug aus der geschichtlichen Entwicklung der sozialen Verantwortung präsentiert wurde, ist das nächste Kapitel den heutigen gesellschaftlichen Herausforderungen gewidmet mit dem Ziel, die aktuelle Situation der sozialen Verantwortung von Unternehmen zu erfassen und den Handlungsbedarf aufzuzeigen.

2. IST-Situation und Handlungsbedarf

*«Was wir brauchen, ist eine neue Sicht der Wirklichkeit:
die Einsicht, dass vieles zusammenhängt, was wir getrennt sehen,
dass die sie verbindenden unsichtbaren Fäden hinter den Dingen
für das Geschehen in der Welt oft wichtiger sind
als die Dinge selbst.»*
Frederic Vester

2.1 Der Ruf nach mehr Ethik in der Wirtschaft

Die ersten Jahre des 21. Jahrhunderts brachten eine verschärfte Aufmerksamkeit der Öffentlichkeit mit sich. Durch diverse Ereignisse, welche die Schattenseiten des globalen Kapitalismus ins Licht rückten, spitzte sich das öffentliche Unbehagen zu:

- Eine globale Rezession und eine Welle von Unternehmenszusammenschlüssen und -akquisitionen mit Rationalisierungsmaßnahmen wie Mitarbeiterabbau, führten zu steigender Arbeitslosigkeit in den Industrieländern. In Kombination mit den Terroranschlägen des 11. September 2001 in den USA und der darauf folgenden weiteren Wirtschaftsflaute stieg die Skepsis gegenüber Unternehmen an.
- Zusätzlich wurde die Situation durch Finanzskandale vor allem in den USA, unter anderem bei Enron, verschärft. Das sechstgrößte Unternehmen der USA musste Insolvenz anmelden und die Top-Führungskräfte wurden der Veruntreuung und Bilanzfälschung überführt. Eine Reihe solcher Skandale ließ die gesamte Unternehmenswelt in einem dubiosen Licht erscheinen.
- Auch die Geldgier einzelner angesehener Personen, wie von Topmanager Jack Welch von General Electric und Percy Barnevik

von ABB, die Abfindungen und Pensionsbezüge in schwindelerregender Höhe kassierten, verstärkten das Misstrauen der Bevölkerung.[34]

Nach Ansicht von Henning Schulte-Noelle, Vorstandvorsitzender der Allianz-Versicherung, müssen *«ethische Grundsätze durch alle Hierarchien eines Konzerns dringen»*, *«Ethik»* sei *«Chefsache»*, und das Kürzel *«CEO»* verstehe er auch als *«Chief Ethics Officer»*[35]. Wirtschaftsethik und soziale Verantwortung boomen. Das ist u.a. durch die vermehrte Verwendung von Anglizismen wie etwa «Corporate Citizenship», «Sustainability», «Social Reporting», «Codes of Conduct» und «Corporate Governance» international wie auch national festzustellen. Es wird zunehmend erkannt, dass Wirtschaft und Gesellschaft nicht nur eng miteinander verbunden, sondern auch aufeinander angewiesen sind: Die Gesellschaft verlangt für die Realisierung ihrer Bedürfnisse eine gut funktionierende Wirtschaft und nachhaltiges Wirtschaften findet idealerweise in einer sozial gerechten und solidarischen Gesellschaft statt.[36]

Die Vorstellung von Wirtschaftsethik und was Wirtschaftsethik leisten kann, ist nach Waxenberger als *«diffus»* zu bezeichnen. Der aufgeklärte Wille ist demnach für ein qualifiziertes ethisches Handeln unerlässlich.[37] In einem Exkurs sollen nun kurz die Begriffe «Moral» und «Ethik» diskutiert werden und verschiedene wirtschaftsethische Ansätze aufgezeigt werden. Diese begriffliche Auseinandersetzung ist an dieser Stelle notwendig, um dem Leser die Einordnung des CSR-Konzeptes in den Gesamtkontext zu erleichtern.

2.2 Exkurs: (Wirtschafts-)Ethik

Ethik: Das griechische Wort «ethos» bedeutet ursprünglich den Stall oder Weideplatz der Tiere, sowie deren Lebens- und Verhaltensweise. Übertragen auf den Menschen ist damit auch der Ort der Herkunft und der Gemeinschaft gemeint und alles, was im Rahmen dieses gemeinsamen Wohnens zu Brauch und Sitte gehört. In der heutigen Verwendung des Begriffs «Ethik» ist die Ebene des praktischen Lebensvollzugs, das Handeln, gemeint.[38]

Moral: Das Wort kommt vom lateinischen «mos», das «Wille» heißt, v.a. der auferlegte Wille, also Vorschriften und Gesetze; im Zuge der Bedeutungsentwicklung meint «mos» den persönlichen Lebenswandel und die Gesinnung des Einzelnen. Moral sind die in einer Gruppe geltenden faktischen Verhaltensnormen.[39]

Verschiedene präskriptiv ethische Theorien werden in Verhaltensmaximen konkretisiert und dienen der Orientierung für Situationen, in denen ethisches Verhalten gefordert wird.

Teleologische oder normative Ethik: Die Handlung ist gut, wenn sie gute Folgen hat. Das höchste Gut, das als Norm gilt, ist im Allgemeinwohl und im Glück der Menschen zu sehen. Die Frage der Moral entscheidet sich am Gemeinwohl und nicht am individuellen Glück. Im Zweifelsfall muss das persönliche Glück geopfert werden, wenn dies der Allgemeinheit nützt. Wer moralisch verantwortlich entscheiden möchte, muss alle potenziellen Auswirkungen der Handlungsalternativen bedenken und dann diejenige wählen, mit der das Glück der Allgemeinheit maximiert und das mögliche Übel minimiert wird. Kritisch dabei ist, dass Glück etwas Subjektives ist und daher nur schwer messbar ist, wie auch die relativen Auswirkungen verschiedener Handlungsmöglichkeiten.[40]

Deontologische Ethik: Diese Ethik geht von einem Pflichtbegriff aus und bewertet nur die Absicht hinter dem Tun. Vertreter dieser Ethik halten das Verhalten aus Pflichtgefühl im Einklang mit definierten Prinzipien als ethisch. Immanuel Kant hat den Grundsatz formuliert, man dürfe Menschen niemals als Mittel zum Zweck behandeln, sondern immer als Zweck an sich. Nur dann fallen Entscheidungen, die den einmaligen Fähigkeiten des menschlichen Urteilsvermögens Rechnung tragen. Auch an diesem Ansatz wird Kritik geübt: Es ist nahezu unmöglich sich auf die Gewichtung ethischer Prinzipien zu einigen, wenn mehrere gleichzeitig zur Diskussion stehen.[41]

Ethik des Gewissens: «Die goldene Regel» - *«Tue keinem, was du nicht willst, dass man dir wieder täte»* oder auch *«Handle anderen gegenüber so, wie du wünschest, dass sie sich zu dir verhielten»*[42]. Die goldene Regel wurde durch Sokrates, Konfuzius, bei den Christen und im Humanismus immer wieder als Verhaltensmaxime propagiert. Diese goldene Regel setzt dabei ein ausgebildetes und informiertes Gewissen voraus.[43]

Laut Thielemann stehen Ethik und Moral zueinander im Verhältnis wie Theorie und Praxis. Ethik ist demnach die philosophische und aufklärende Theorie, Moral die entsprechende Praxis. Man handelt moralisch oder unmoralisch, sobald man allerdings über die eigene Position nachdenkt, wird nach Thielemann bereits Ethik betrieben. Er meint weiters: *«Natürlich ist es möglich, dass man auf ethische Reflexionen verzichtet. Aber man sollte dies eben nicht tun, insbesondere dann, wenn man für das eigene Handeln Legitimität reklamiert. Wer zu wohlreflektiertem Urteilen gelangen und Fehlurteile oder gar Ideologien vermeiden (oder aufdecken) will, der muss sich mit Ethik beschäftigen.»*[44]

Wie Wittgenstein bereits postulierte, muss ethischer Lohn oder Strafe in der Handlung selbst liegen. Ethik ist in der Handlung selbst und ist immer bezogen auf andere, denn jede Handlung hat Auswirkungen auf die anderen.[45] So gesehen ist Ethik ein Verhalten, mit dem ich mich für meine Handlungen verantwortlich mache. Das heißt, ich bin jemandem gegenüber in Bezug auf meine Handlungen Antwort schuldig.

Peter Ulrich führt im Allgemeinen drei verschiedene Ansätze an, die in ihrer Unterscheidung der Frage nachgehen, ob Ethik entweder bloß unter den (mehr oder weniger fraglos akzeptierten) Bedingungen der Wirtschaft zur Geltung gebracht werden soll (a) oder ob die Wirtschaft als Subsystem der Gesellschaft immer schon den Bedingungen der Legitimität untersteht und selbst als zu rechtfertigender ethischer Anspruch zu verstehen ist (b).[46]

a) Funktionalistische und korrektive Wirtschaftsethik

Das charakteristische Argumentationsmuster von Unternehmen, die funktionalistische und bzw. oder korrektive Wirtschaftsethik anwenden, könnte wie folgt lauten: «Wirtschaftsethik ist notwendig, um mehr Kunden zu gewinnen!», «The business of business is business – Ethik soll sich lohnen!» und «Wenn es Publicity bringt, dann führen wir ethische Aktivitäten durch».

Bei diesen zwei Ansätzen wird die vorherrschende Wirtschaftspraxis kaum oder gar nicht reflektiert. Bei der funktionalistischen Wirtschaftsethik wird die Ethik als ein Instrument gesehen, das Gewinne gewährleistet und bei der korrektiven Wirtschaftsethik werden unerwünschte Konsequenzen des Wirtschaftens gezielt durch quasi-moralische Maßnahmen gemildert. Beide Ansätze akzeptieren nach Ulrich die Bedingungen des modernen Wirtschaftens.[47]

b) Integrative Wirtschaftsethik

Die integrative Wirtschaftsethik[48] unterscheidet sich fundamental von den vorhin diskutierten Ansätzen und zwar insofern als moralisch gutes Verhalten nur dann als solches anzusehen ist, wenn es als richtig anerkannt wurde und nicht wenn es durch gewinnbringendes oder korrigierendes Verhalten identifiziert wird. Ulrich versucht nun, durch die Erweiterung der ökonomischen Rationalitätsidee die Orientierung an der *«Lebensdienlichkeit»*[49] mit einzubeziehen. In diesem Ansatz wird postuliert: *«Die Wirtschaft hat dem Menschen zu dienen, nicht umgekehrt.»*[50]

Wirtschaftsethik ist somit nicht nur wissenschaftliche Auseinandersetzung. Ihre Aufgabe ist es, der Wirtschaft praktische Orientierungen in der täglichen Wirtschaftspraxis zu geben. Unternehmensethik ist ein Teilbereich der Wirtschaftsethik. Die Unternehmensethik bezieht sich auf die einzelwirtschaftliche Einheit einer Unternehmung. Für sie ist die auf der übergeordneten Ebene festgelegte Rahmenordnung bestimmend, die aus der Sicht der Wirtschaftsethik zu analysieren ist.[51] Durch die Bemühungen von Organisationen und Netzwerken, auf die im dritten Kapitel näher eingegangen wird, wird angewandte Wirtschaftsethik propagiert und konkretes Handeln im Sinne von der Übernahme sozialer Verantwortung von Unternehmen vermehrt wahrgenommen und unterstützt.

2.3 Gründe für eine pro-aktive Übernahme sozialer Verantwortung von Unternehmen

Die Gründe für einen Ruf nach mehr Ethik und damit nach sozialer Verantwortung sind unterschiedlicher Art. Eine Auswahl an solchen Gründen soll im Folgenden den Handlungsbedarf der CSR für die Unternehmen erörtern. Die verschiedenen Zugänge zur CSR werden im *zweiten Abschnitt* besprochen.

2.3.1 Neue gesellschaftliche Herausforderungen

Die Unternehmen sehen sich durch die veränderten Rahmenbedingungen, einer Vielzahl neuer Forderungen gegenüber. Durch die Globalisierung und der damit sinkenden Transportkosten, dem Trend hin zur Informationsgesellschaft sowie durch Deregulierungsprozesse, die mit dem Rückzug der Politik einhergehen, wird das Thema der sozialen Verantwortung von Unternehmen auf internationaler Ebene seit einigen Jahren intensiv diskutiert. Internationale Organisationen wie z.B. die Internationale Arbeitsorganisation (ILO), die Organisation für wirtschaftliche Zusammenarbeit und Entwicklung (OECD) und die Vereinten Nationen (UNO), um nur einige zu nennen, widmen sich in unterschiedlicher Art und Weise dieser Thematik (siehe *Kapitel 3*).

2.3.2 Die neuen Rollen von Unternehmen

Die Forscher Jörg Andriof und Chris Marsden konstatieren eine Überwindung des alten Denkens in Freund-Feind-Kategorien hin zum **Networking** zwischen Unternehmen, NGO's und staatlichen Instanzen. Sie gehen dabei von einem 3-Phasen-Schema aus:[52]

Phase 1: Zeitraum zwischen 1960-83, in dem die Vorfälle im Zusammenhang mit Nestlé und Seveso passierten, der oft zitierte Bericht des Club of Rome über die Grenzen des Wachstums und der von Präsident Carter beauftragte Global 2000-Report erschienen.

Phase 2: Zeitraum zwischen 1984-94, stand ganz im Zeichen von Ereignissen wie die von Union Carbide verursachten Unfälle in Bhopal und die Exxon-Valdez-Ölkatastrophe.

Phase 3: ab 1995 steht laut Andriof und Marsden, das Networking ganz im Mittelpunkt. Standards wie ISO 14000 und SA 8000 (siehe *Kapitel 3.1.6*) dienen als objektive Messlatten unternehmerischen Handelns. Einzelne Brancheninitiativen wie z.B. die Fair Trade Initiative (*Kapitel 3.2.3*) kennzeichnen die Zusammenarbeit zwischen Wettbewerbern zur Gewährleistung ethischer Mindeststandards.[53]

Gemäß einer Umfrage (2002) des «Wallstreet Journal»[54] glauben 83 Prozent der Europäerinnen und Europäer, dass Manager nur ihre eigenen Interessen verfolgen. Beispiele von multinationalen Konzernen, die durch ihre betrügerischen Machenschaften in aller Munde sind, haben nicht nur den Shareholder-Value zutiefst verletzt und zerstört, sondern auch tausende entlassene Mitarbeiter zu Verlierern gemacht. Investoren, Aktionäre, Mitarbeiter, Konsumenten und Bürger fragen sich nun, wem sie noch trauen können. Es wird nach mehr **Dialog** und Transparenz verlangt, denn die Konsumenten sind sensibilisiert und in ihrem Einkaufsverhalten kritischer geworden. Eine britische Studie des Meinungsforschungsinstituts MORI beweist diesen Trend: *«Half the population thinks that companies do not listen and respond to their social and environmental concerns – despite the fact that more than eight in ten say a company's social responsibility is important when making their purchasing decisions,»* meint Dawkins. *«The need for companies to understand the impact of their CSR activities on consumers has never been greater.»*[55] Aus einer weiteren Studie von MORI geht hervor, dass einer von fünf Europäern gewillt ist, mehr für ein Produkt zu bezahlen, das unter sozial und ökologisch verträglichen Bedingungen erzeugt wurde.[56] Eine der neuen Rollen der Unternehmen ist die des aktiven Gesprächspartners im Sinne eines Stakeholder-Dialogs.

In einem Bericht zur CSR hat der World Business Council for Sustainable Development (WBCSD) die heutige Situation wie folgt dargestellt: *«Es ist ein Missverständnis, wenn man die Wirtschaft unabhängig von der breiten Gesellschaft definiert. Wirtschaft ist ein untrennbarer Bestandteil der Gesellschaft. Die Wirtschaft steuert bei und profitiert von der Gesellschaft. Um zu überleben und sich zu entwickeln müssen sich die Unternehmen an die Anforderungen der Gesellschaft anpassen. Um das langfristige Überleben sicher zu stellen, müssen die Unternehmen sicherstellen, dass ihre Werte mit denen des gesellschaftlichen Konsens übereinstimmen.»* Dabei geht es auch um die Sinnfrage des Unternehmens. *«Wenn eine Wirtschaft diese Frage nicht beantworten kann, wird sie von einem außenstehenden Beobachter immer als profitorientiert und auf sich selbst bezogen gesehen.»*[57]

Die Antwort auf diesen wachsenden Legitimitätsdruck auf die Unternehmen ist die Wahrnehmung von Verantwortung, die sich durch den gesellschaftlichen Konsens und die neue Rolle des **«Corporate Citizen»** ergibt.

Die Bezeichnung «Corporate Citizenship» hat ihre Wurzeln in den USA und steht für die gemeinnützigen Aktivitäten der Unternehmen und Organisationen. Obwohl der Begriff schon in den fünfziger und sechziger Jahren in amerikanischen Unternehmen auftauchte, als diese sich zum Ziel setzten, sich für eine Gesellschaft zu engagieren, die unabhängige und im Wettbewerb stehende Unternehmen befürwortet, erhält dieser Begriff gerade in Europa durch die verstärkte Wahrnehmung von sozialer Verantwortung neue Relevanz.[58]

Unternehmen sollen sich demnach als Teil eines Ganzen verstehen und das System, in dem das Unternehmen operiert, gestalten, ergo sollen sie sich gleichermaßen den Shareholdern (Kapitaleignern) und anderen Stakeholdern[59] (u.a. Mitarbeitern, Nachbarn, Zulieferern, Kunden, ...) verpflichten.

In diesem Sinne bedeutet CSR Vertrauen zu den Stakeholdern (inklusive Shareholdern) aufzubauen und zu vertiefen. Somit ist eine weitere neue Rolle des Unternehmens, die der **Gestalterin des Systems**, in der sich das Unternehmen als Subsystem befindet. Auf das Stakeholdermodell wird im *zweiten Abschnitt* dieses Teils genauer eingegangen.

Die neuen Rollen von Unternehmen wurden als «Networker», aktiver Gesprächspartner, «Corporate Citizen» und Systemgestalter beschrieben. Diese neuen institutionellen und gestalterischen Rollen nehmen im CSR-Konzept Gestalt an.

2.4 CSR als Antwort

In den siebziger und achtziger Jahren war es das Aufgreifen der Themen Nachhaltigkeit und Umweltschutz, welches vor allem von den größeren Unternehmen erwartet wurde. Nachhaltigkeit bezeichnete bereits im 18. Jahrhundert eine besonnene Form der Waldbewirtschaftung, die aus einem erhöhten Holzbedarf resultierte. Der Gedanke bestand darin, nicht mehr Holz zu schlagen, als wieder nachwachsen konnte. Im Jahre 1987 griff die Brundtland-Kommission der Vereinten Nationen diesen Begriff wieder auf und erklärte ihn zum Prinzip für eine Gesellschaftsentwicklung, die auch langfristig tragbar sein sollte: *«Eine nachhaltige Entwicklung ist eine Entwicklung, die den Bedürfnissen der heutigen Generation entspricht, ohne die Möglichkeiten künftiger Generationen zu gefährden, ihre eigenen Bedürfnisse zu befriedigen und ihren Lebensstil zu wählen. Die Forderung, diese Entwicklung ‹dauerhaft› zu gestalten, gilt für alle Länder und Menschen.»*[60]

Heute beschränkt sich Nachhaltigkeit nicht mehr nur auf Aspekte des Umweltschutzes, sondern wird als Ziel einer langfristig orientierten Gesellschafts- und Wirtschaftspolitik aufgefasst, die in CSR-Aktivitäten konkretisiert werden. Der Abgleich zwischen wirtschaftlichen, gesellschaftlichen und ökologischen Zielen ist das zentrale Anliegen aller Nachhaltigkeitskonzepte. Das Nachhaltigkeitskonzept wird auch als «magisches Dreieck» oder «triple bottom-line» bezeichnet. Die gewollte Symbiose kann wie in *Abb. 1* dargestellt werden:

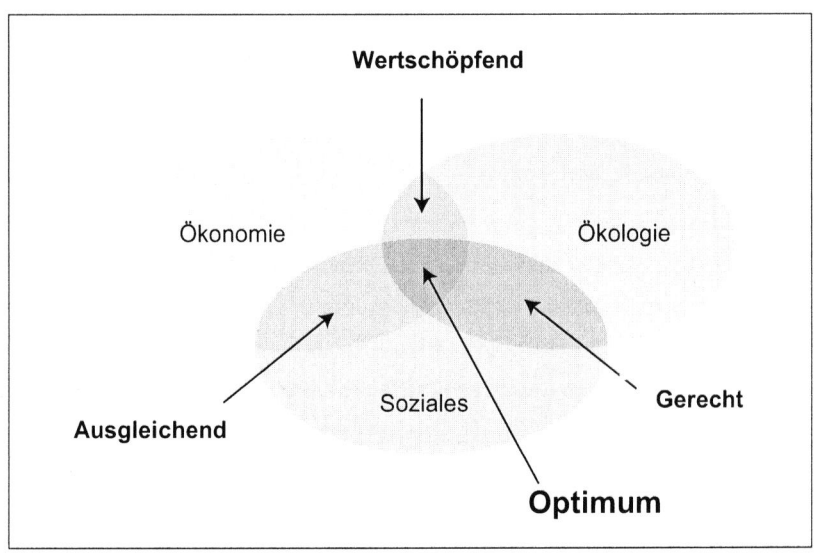

Abb. 1: *«Triple bottom-line»-Nachhaltigkeitskonzept (in Anlehnung an Gazdar, Kirchhoff (2002), S. 92)*

Bretschneider sieht diesen Abgleich als Konsequenz, nicht nur durch ein wahrgenommenes Fehlverhalten großer Unternehmen, sondern auch in der Erwartung, dass international operierende Firmen Entwicklungen vorantreiben (können), die über ihren unmittelbaren (lokalen) Geschäftsbereich hinausgehen.[61] Denn *«die soziale Verantwortung von Unternehmen endet nicht an den Werkstoren ... und auch nicht an den Grenzen Euro-*

pas»[62] Auch österreichische Industrielle sehen in der Wahrnehmung der CSR Chancen: *«Während der Wirtschaft immer wieder vorgeworfen wird, sich nur auf die materiellen Werte zu reduzieren, bietet CSR ihr die Möglichkeit, ihr breites Werteportfolio darzustellen.»*[63] CSR ist demnach eine *«zeitgemäße Art, die Verantwortung von Unternehmen aufzuzeigen»*[64].

Führende multinationale Unternehmen besitzen durchaus die Finanzkraft von Einzelstaaten. Der Jahresumsatz von General Motors lag beispielsweise höher als das Bruttoinlandsprodukt (BIP) in Dänemark oder auch DaimlerChrysler konnte das BIP von Ländern wie Polen, Indonesien und Südafrika übertreffen.[65]

Generell ist auch ein starkes Umdenken in den Topetagen festzustellen. Der fünfte «Global CEO Survey» der Wirtschaftsprüfergesellschaft PricewaterhouseCoopers wurde 2002 veröffentlicht und basierte auf der Befragung von rund 1.200 Topmanagern aus 33 Ländern. Es zeigte sich, dass die Führungskräfte ihrer gesellschaftlichen Verantwortung einen hohen Stellenwert einräumen. 68 Prozent behaupteten, CSR sei wichtig für die Profitabilität ihrer Unternehmen und 60 Prozent hielten an der Aussage fest, auch in Zeiten einer Rezession genieße CSR einen hohen Stellenwert in der unternehmerischen Entscheidungsfindung.[66] CSR gibt zusammenfassend Antworten auf verschiedene Trends:[67]

• **Veränderte Erwartungshaltung der Stakeholder:** Studien und Umfragen belegen, dass die Öffentlichkeit und verschiedene Stakeholder mehr von den Unternehmen erwarten als nur das Anbieten von nützlichen Produkten und Dienstleistungen. Unternehmen, die als unverantwortlich wahrgenommen werden, werden vermehrt, schneller und vehementer von Stakeholdern «belästigt». Öffentliche Demonstrationen, Shareholder-Resolutionen und Boykotte (z.B. gegen Shell und die Vorfälle um die Ölplattform Brent Spar[68]) sind nur einige Aktivitäten, die auf die veränderte Erwartungshaltung der Stakeholder hinweisen.

• **Rückzug des Staates:** Aufgrund der Marktliberalisierung und schwindender Ressourcen, ziehen sich immer mehr nationale und lokale Regierungen mit ihren Regulierungsmaßnahmen zurück. Es obliegt nun der Privatwirtschaft und insbesondere den multinationalen Unternehmen, Richtlinien und Standards zu setzen um Fragen zur Umwelt, Arbeitsbedingungen und Führungsethik verantwortungsvoll begegnen zu können.

• **Steigendes Interesse der Kunden und Geschäftspartner:** Das steigende Interesse an CSR kommt einerseits von Geschäftspartnern und andererseits von den Endkonsumenten, die ihre Kaufentscheidungen immer mehr von diversen sozialen Kriterien abhängig machen. Dies belegt u.a. eine umfassende Studie des Prince of Wales Business Leadership Forum, denn 17% der Befragten gaben an, Produkte von Unternehmen zu meiden, die als sozial unverantwortlich wahrgenommen wurden.

• **Verantwortung in der gesamten Lieferkette:** Durch das wachsende Interesse der Stakeholder an CSR wird den Unternehmen immer mehr bewusst, dass sie nicht nur für ihre eigene soziale Leistung verantwortlich sind, sondern auch für jene der Zulieferer, Einzelhändler, Partner etc. Manche Unternehmen, wie z.B. IKEA, arbeiten Verhaltenskodes für ihre Zulieferer aus, um sicherzustellen, dass kein unverantwortliches Handeln der Partner mit der eigenen Firma in Zusammenhang gebracht werden kann.

• **Druck durch Banken und Investoren:** Ein klarer Trend zum nachhaltigen Investieren zeichnet sich auch am Kapitalmarkt ab. Der Domini 400 Social Index (DSI) hat seit seiner Einführung im Mai 1990 im Jahresgesamtergebnis und unter Berücksichtigung der Risikogewichtung den

Standard&Poor (S&P) 500 um mehr als 1% übertroffen oder der Dow Jones Sustainability Index hat seit 1993 um 180% zugelegt, der Dow Jones Global Index im selben Zeitraum lediglich um 125%. Kreditinstitute und Investoren machen zunehmend Gebrauch von Checklisten, die die soziale Verantwortung und das Umweltbewusstsein eines Unternehmens bewerten helfen. Durch die Aufnahme in einen auf ethischen Kriterien basierenden Börsenindex kann sozial verantwortliches Handeln anerkannt werden[69] (siehe auch *Kapitel 3.1.7*).

• **Wettbewerb um Mitarbeiter:** Humanressourcen und Wissensmanagement gelten als neue Schlüsselkompetenzen. Firmen, die in ihrer Unternehmenskultur und -philosophie und ihrem Auftreten sowie ihren Aktivitäten z.B. als frauen- und familienfreundlich eingestuft werden, wirken anziehend auf potenzielle qualifizierte Mitarbeitende.

• **Ruf nach mehr Berichterstattung:** Kunden, Investoren, Kommunen, Umweltgruppierungen, Handelspartner und andere Stakeholder fragen nach mehr und detaillierteren Informationen zur sozialen Leistung von Unternehmen. Größere Unternehmen antworten darauf mit einer Vielfalt an Berichten und Öko- oder Sozialaudits. Die meisten Unternehmen nutzen das Internet, um Informationen an die Öffentlichkeit zu tragen, auch wenn jene nicht immer positiv sind.

• **Neue Themen:** Viele relativ neue Themen sind in den vergangenen Jahren unter dem Dach «CSR» entstanden und aktuell geworden. Corporate Governance, Gender Diskussion und Diversitäts-Management, auch die Debatte um Privatsphäre und Intimität (Stichwort: «Cyber Ethics») für Konsumenten und Arbeitnehmer oder Genmanipulationen an Lebensmitteln und die Aids-Problematik rufen nach Auseinandersetzung und Orientierungshilfen.

CSR ist bereits zur Realität vieler Unternehmen geworden. Was im 19. Jahrhundert in den USA durch einzelne Persönlichkeiten begann, ist nun auf der globalen, europäischen und nationalen Agenda. Zahlreiche Initiativen versuchen diesen Gedanken noch verstärkter in die Unternehmen zu tragen. Eine Auswahl dieser Initiativen wird im nächsten Kapitel präsentiert.

3. CSR-Initiativen

«Es gibt bereits alle guten Grundsätze.
Wir brauchen sie nur anzuwenden.»
Blaise Pascal

Bevor im vierten Kapitel CSR definiert und begrifflich abgegrenzt wird, widmet sich dieser Teil einer Auswahl an globalen, europaweiten und nationalen Initiativen, die den CSR-Gedanken aufgegriffen haben und sich für eine verstärkte Relevanz in der Strategischen Unternehmensführung engagieren. Die Einteilung dieser Initiativen in «global», «europaweit» und «national» soll auf den Ursprung der Initiative hinweisen, die Anwendung soll aber dadurch keineswegs räumlich kategorisiert werden (z.B. wird der Global Compact auch von mittelständischen österreichisches Unternehmen mitgetragen).

3.1 Global

Dieser Teil beschäftigt sich mit einer Auswahl globaler Initiativen und Prinzipien, die weltweit eine Fülle von kritischen Themen ansprechen.

3.1.1 OECD-Richtlinien für Multinationale Unternehmen[70]

Hintergrund der Richtlinien

Die Richtlinien der OECD (Organisation für wirtschaftliche Zusammenarbeit und Entwicklung) sind Teil der Deklaration für Internationale Investitionen und Multinationale Firmen[71] und geben Empfehlungen von Regierungen an Unternehmen ab. Die Richtlinien sind freiwillig und unverbindlich und umfassen verschiedenste Aspekte unternehmerischen Verhaltens, von Steuer- und Wettbewerbsfragen bis hin zu Konsumenteninteressen, Forschungs- und Technologieaspekten. Um die Ziele der Richtlinien zu verstehen, ist es wichtig sich die Rolle dieser Organisation, nämlich wirtschaftliches Wachstum und Entwicklung, zu vergegenwärtigen. Die OECD hat signifikant durch die Entwicklung von Corporate Responsibility-Prinzipien wie den Prinzipien zur Corporate Governance oder der Konvention gegen Bestechung im internationalen Geschäftsverkehr, zur prinzipgeleiteten Unternehmensführung beigetragen. Die Richtlinien wenden sich in erster Linie an global tätige Unternehmen. Sie können aber auch als Checkliste für Klein- und Mittelunternehmen (KMU) hilfreich sein.

Ziele der Richtlinien

1. Sicherstellung, dass die Aktivitäten des Unternehmens im Einklang mit den Gesetzen stehen
2. Stärkung der gemeinsamen Vertrauensbasis zwischen dem Unternehmen und der Gesellschaft, in der das Unternehmen operiert
3. Verbesserung des Klimas für Auslandsinvestitionen
4. Verstärkung der Beiträge von Multinationalen Unternehmen zur nachhaltigen Entwicklung[72]

Die OECD fasst ihren CSR-Ansatz wie folgt zusammen: *«The basic approach of the Guidelines is that internationally agreed guidelines can help to prevent misunderstandings and build an atmosphere of confidence and predictability between business, labour, and governments.»*[73]

Diese Richtlinien werden als ein wichtiges Fundament für viele anderen später entwickelten CSR-Kodes und -Standards angesehen.

3.1.2 Global Compact der Vereinten Nationen

Hintergrund des Global Compact

Um der Globalisierung ein menschliches Gesicht zu geben, wurde 1999 von UNO-Generalsekretär Kofi Annan die Global Compact Initiative ins Leben gerufen. Damit wurden Umwelt, Menschenrechte und Arbeitsrechte Themen der weltweiten Auseinandersetzung. Der «Compact» besteht aus verschiedensten Stakeholdern und Netzwerken, die unterschiedliche Schwerpunkte verfolgen. Mehr als 1000 Firmen (Stand: Mitte 2003) beteiligen sich an dieser Initiative durch die Bindung an die neun Prinzipien. Diese neun Prinzipien sind von der Allgemeinen Erklärung der Menschenrechte, der Erklärung der Internationalen Arbeitsorganisation über grundlegende Prinzipien und Rechte bei der Arbeit und der Rio Deklaration für Umwelt und Entwicklung abgeleitet und beinhalten außerdem auch die Millennium Entwicklungsziele der Vereinten Nationen (UNO).[74]

Der Global Compact profitiert durch die Strukturen und das Engagement verschiedener Einrichtungen der UNO, wie die der Internationalen Arbeitsorganisation (ILO), des Entwicklungsprogramms (UNDP), des Umweltprogramms (UNEP), des Büros für Menschenrechte und der Organisation für Industrieentwicklung (UNIDO). Diese Kernorganisationen stellen ihre Expertise und Unterstützung zur Verfügung.[75]

Der Global Compact zeichnet sich v.a. dadurch aus, dass Entwicklungen durch gute «Corporate Citizenship» angetrieben werden sollen. Die Mitglieder des Global Compact wollen sich mit partnerschaftlichen Projekten für Entwicklungsarbeit einsetzen: «... *to join with the United Nations in partnership projects of benefit to developing countries, particularly the least developed, which the forces of globalisation have largely margina-*

lised.»[76] Somit gibt der Global Compact eine neue Richtung für CSR an, eine Richtung, die den ärmsten Menschen zugute kommt und auch Themen wie die globale Schere zwischen Arm und Reich und die HIV/Aids-Problematik aufgreift.

Ziele des Global Compact

Der Fokus liegt, um mit dem Gründer John Ruggie zu sprechen, im Lernen und im Dialog. Es geht hierbei weniger um Richtlinien, sondern vielmehr um ein Netzwerk, das unternehmerischen Wandel induziert: *«... explicitly adopted a learning approach to inducing corporate change, as opposed to a regulatory approach; and it comprises a network form of organisation, as opposed to the traditional hierarchic/bureaucratic form.»*[77]

Eine wichtige Aufgabe des Global Compact wird sein, die KMUs anzusprechen. Die KMUs verfügen über weniger Mittel und Ressourcen. Die UNIDO hat es sich deshalb zur Aufgabe gemacht, sich verstärkt den KMUs zu widmen und ihre speziellen Anliegen in die Agenda aufzunehmen.

Kritiker sprechen in Zusammenhang mit dem Global Compact Ansatz von einem sogenannten «bluewashing», d.h. die Unternehmen schmücken sich mit der UN-Fahne (blaues Logo), ohne wirklich positive Veränderungen herbeigeführt zu haben.

An dieser Stelle wird auf den *Appendix A* verwiesen, der die Aktivitäten des Global Compact zusammenfassend wiedergibt.

3.1.3 Global Reporting Initiative

Hintergrund der Global Reporting Initiative

Die Global Reporting Initiative (GRI) bietet als unabhängige Institution (seit 2002 unabhängig – zuvor durch die Coalition for Environmentally Responsible Economies (CERES[78]) vertreten) unverbindliche Richtlinien für die inhaltliche Gestaltung von ökonomischen, sozialen und ökologischen Geschäftsberichten bzw. Nachhaltigkeitsberichten, die über Aktivitäten, Produkte und Dienstleistungen informieren, an. Die Richtlinien sind das Ergebnis eines intensiven Multi-Stakeholder Konsultierungsprozesses, in den tausende Nichtregierungs-Organisationen (NGOs), Firmen, Verbände, Umweltgruppen usw. eingebunden waren.[79] Im Juni 2000 wurde der «GRI Leitfaden zur Nachhaltigkeitsberichterstattung» («Sustainability Reporting Guidelines») erstmals vorgestellt und während des Weltgipfels zur Nachhaltigen Entwicklung 2002 eine revidierte Version eingeführt.

Es gibt mittlerweile (Stand: 2003) 313 Firmen in 31 Ländern, die nach diesen Richtlinien Bericht erstatten. Die meisten sog. GRI Reporter befinden sich in Europa. In Österreich werden die Berichte von der Telekom Austria, der VA Technologie, dem Verbund sowie den Österreichischen Bundesforsten (der 2003 vom österreichischen Trend-Magazin zum besten Geschäftsbericht nicht notierter Unternehmen mit dem Austrian Annual Report Award ausgezeichnet wurde)[80] den GRI Richtlinien entsprechend verfasst. In Deutschland sind es rund zwanzig Firmen, welche die GRI Richtlinien anwenden, wie die Bayer AG, Henkel KG und Siemens AG, um nur einige zu nennen. Die GRI kooperiert eng mit dem zuvor diskutierten Global Compact des UNO-Generalsekretariats und dem Umwelt Programm der Vereinten Nationen (UNEP). Was die Umweltkomponente angeht, so gilt die Global Reporting Initiative derzeit als Best-Practice.[81]

Die Akzeptanz dieser Initiative ist gegeben und auch von Seiten der kritischen Stakeholder ist die positive Resonanz groß. Greenpeace ermutigt beispielsweise die Unternehmen ihre Berichte nach den GRI Richtlinien zu verfassen: *«As one of the NGOs supporting the GRI, Greenpeace encourages companies to use these guidelines to report their environmental and social contributions to society.»*[82] Durch die hohen Maßstäbe in der Sozialberichterstattung wird ein Vergleich zwischen den Unternehmen möglich.

Ziele der Initiative

Die Ziele der GRI sind, das Niveau der Berichterstattung qualitativ zu erhöhen: *«... to elevate the quality of reporting to a higher level of comparability, consistency and utility»*[83] und Nachhaltigkeitsberichte zum fixen Bestandteil von Unternehmenspublikationen werden zu lassen und so für die Stakeholder Nutzen zu stiften. Die GRI gibt den Unternehmen Anleitungen, wie sie mit ihren Stakeholdern kommunizieren können und was sie kommunizieren sollen. Mary Robinson, UNO-Beauftragte für Menschenrechte, beschreibt die GRI als eine Möglichkeit, ein gemeinsames Fundament für den weltweiten Schutz der Menschenrechte zu schaffen: *«I believe the GRI has a key role to play in helping to work towards the still elusive common ground of setting the precise roles and responsibilities of business for promoting and protecting human rights around the world.»*[84] Wichtig ist, dass die Berichte von einer unabhängigen dritten Instanz überprüft werden, um der Kritik, dass es sich nur um kosmetische Public Relations-Maßnahmen handelt, zu entgegnen.

Für detaillierte Ausführungen zum gesamten GRI Instrumentarium wird auf die Webseite der GRI (www.globalreporting.org) verwiesen. Im *Appendix B* befindet sich ein Überblick über die GRI-Prinzipien.

3.1.4 Social Venture Network

Hintergrund des Social Venture Network

Das Social Venture Network (SVN) wurde 1987 von sozial und ökologisch engagierten Unternehmen und Wirtschaftsführern gegründet und ist ein gemeinnütziges globales Netzwerk, das sich für den Aufbau einer gerechten und nachhaltigen Welt durch die Wirtschaft verpflichtet. Das SVN fördert durch Initiativen, Informationsdienste und Foren neue Modelle und Führungsformen, die zu einer sozial und ökologisch verantwortlichen Wirtschaft im 21. Jahrhundert beitragen sollen.

Ziele

Das SVN möchte einen neuen Wirtschaftsansatz vermitteln, der gesunde Gemeinschaften und den menschlichen Geist genauso schätzt wie hohe Umsätze. Der Unternehmenserfolg soll sich durch die Berücksichtigung des «triple bottom-line»-Konzeptes, erhöht werden. Durch die SVN-Foren sollen sich die Mitglieder austauschen und voneinander lernen sowie Best-Practice-Beispiele demonstrieren.[85]

3.1.5 Business Leader Forum

Hintergrund des Business Leader Forum

Das Business Leader Forum wurde 1990 vom Prince of Wales gegründet und ist eine internationale gemeinnützige Organisation, die in über 30 Ländern international initiativ ist. Das Forum arbeitet weltweit mit Geschäftsführern und Vorständen von Unternehmen, staatlichen Gesellschaften und dem öffentlichen Sektor zusammen. 3M, ABB Group, Axa Group, BMW

Group, BP, GlaxoSmith Kline, Shell, etc. sind Beispiele von Firmen die mit dem Business Leader Forum kooperieren.

Ziele des Forums

Die Mission des Forums ist, sozial verantwortliche Geschäftspraktiken zu fördern, die der Wirtschaft und der Gesellschaft zugute kommen und helfen, eine nachhaltig soziale, wirtschaftliche und ökologische Entwicklung in neuen und in Transformationsökonomien zu erreichen. Dabei geht es

- um eine kontinuierliche Verbesserung der gesellschaftlich verantwortlichen Geschäftspraktiken durch die Festlegung von Rahmenbedingungen
- um den Aufbau von geografischen und/oder themenbasierten Partnerschaften
- und um das Aufgreifen und die Bearbeitung von sozialen, wirtschaftlichen und ökologischen Streitfragen.[86]

Außerdem kooperiert das Forum mit der Organisation der Vereinten Nationen für die Bekämpfung des HIV-Virus bzw. Aids (UNAIDS), mit dem Ziel die CSR für HIV/Aids zu fördern.

3.1.6 CSR-Standards

Eine Reihe von CSR-Standards repräsentieren den aktuellen Stand in der praktischen Weiterentwicklung und Operationalisierung der CSR. Der 1997 etablierte «Social Accountability Standard», kurz SA 8000, wurde in Anlehnung an den ISO 9000 für Qualitätsmanagement und an den ISO 14001 für Umweltmanagement unter Beteiligung der Wirtschaft, von Nichtregierungs-Organisationen und internationalen Normierungsinstituten entwickelt.[87]

ISO 9000 und 14001 werden als generische Standards für Management-systeme verstanden. «Generisch» bedeutet in diesem Sinne, dass dieselben Standards für jede Organisation einer jeden Branche angewendet werden können. «Managementsystem» bezieht sich auf die Prozesse und Aktivitäten, die eine Organisation zu bewerkstelligen hat.[88]

Die Internationale Organisation für Standardisierungen (ISO) entwickelte bereits über 13000 Standards und ist in 145 Ländern als Standardisierungs-institution vertreten. Die ISO 9000- und ISO 14000-Serie gehören zu den populärsten ISO-Standards. Seit der Einführung des ISO 14000 im Jahre 1996 wurden (Stand 2003) 36.765 Unternehmen in über 112 Ländern (ISO 9000 und ISO 14000) zertifiziert.[89]

Der ISO 14001 ist besonders kompatibel mit einer Reihe anderer Standards, wie z.B. dem ISO 9000. Hat ein Unternehmen den ISO 14001 Standard entwickelt, ist die Implementierung der SA 8000 umso leichter zu bewerkstelligen. Gerade der ISO 14001 lässt viel Raum für eigene Umsetzung zu, was, um mit Hillary zu sprechen, als Stärke gesehen werden kann, unter Umständen aber auch zu einer suboptimalen Leistung dessen führen kann, wofür der Standard steht. *«ISO 14001 is not a thoroughbred. It is a workhorse of a standard, designed to get you started and going down the right path ... it motivates and allows those implementing it to do with it what they want. This is ISO 14001's greatest strength – and weakness.»*[90]

Die Einhaltung des ISO 14001 bedeutet somit nicht automatisch einen verantwortungsvollen Umgang mit der Umwelt durch das Unternehmen. Der Standard benötigt eine Umweltpolitik, die eine kontinuierliche Verbesserung und diverse Präventionsmaßnahmen im Umweltbereich inkludiert sowie die Verpflichtung sich gesetzlichen Regelungen und Regulierungen anzupassen. Aus einem Bericht der ISO Organisation wird deutlich, dass

	SA 8000	ISO 14001	ISO 9000
Träger-organisation	CEPAA (Council on Economic Priorities Accreditation Agency), eine Non-Profit Organisation mit Sitz in New York.	ISO (Internationale Organisation für Standardisierungen), eine Non-Profit Organisation mit Sitz in Genf.	
Hintergrund	SA 8000 ist ein globaler und nachprüfbarer Zertifikationsstandard, der Schlüsselelemente der Konvention der International Labour Organisation (ILO) und der Erklärung der Menschenrechte der UNO mit dem Managementsystem der Internationalen Organisation für Standardisierung (ISO) kombiniert.	Das Managementsystem des ISO 14001 bietet Richtlinien für Organisationen sich Umweltthemen zu stellen. Durch Trainings werden die Mitarbeiter für die Bewältigung von ökologischen Problemen geschult.	Das Managementsystem des ISO 9000 ist ein Standard, der sich auf alle Eigenschaften eines Produktes (oder Service) bezieht, die vom Kunden gewünscht sind.
		Beide Standards sind Prozess-Standards und keine Produkt-Standards.	
Ziele	Ziele der SA 8000 sind die Verbesserung der Arbeits- und Lebensbedingungen durch das Wecken eines entsprechenden Bewusstseins und methodische Hilfestellung bei der Verbesserung. SA 8000 unterstützt Unternehmen festgesetzte Ziele zu erreichen und nachhaltigen Ertrag zu sichern. Der Standard ergänzt vorhandene Managementsys-teme wie ISO 9000 oder ISO 14000.	Die Anforderungen bestehen in einer verantwortungsvollen Beeinflussung der Prozesse bezüglich Qualität (ISO 9000) und Umwelt (14000).	

Tab. 2: Auswahl an CSR-Standards (Eigene Darstellung, vgl. auch Leipziger (2003), S. 478 ff)

die Zertifizierung allein noch kein Akt von ernstem Umweltbewusstsein bedeutet: *«ISO 9000 and ISO 14000 management systems standards are process standards, not substantive standards. On the one hand, the fact that they are process standards increases the ability to be adapted to different working environments. On the other hand, it does not provide any automatic assurance that any particular company will meet any particular behaviours, unless the particular firm decides that it should meet those ... Typically, management systems standards are used in conjunction with other substantive codes or laws, so that in effect the management system standards provide the operational framework within which a particular set of activities takes place.»*[91] In *Tab. 2* werden kurz drei etablierte CSR-Standards beschrieben.

In der Praxis ist ein deutlicher Trend hin zu Zertifizierungsmaßnahmen zu erkennen. Die *Tab. 2* präsentiert lediglich eine Auswahl an CSR-Standards. Der AccountAbility Standard AA 1000 bzw. die Neuauflage AA 2000 und der Ethics Compliance Management Standard 2000 seien an dieser Stelle noch erwähnt.

AA 1000 stellt eine Reihe von Instrumenten zur Verfügung, welche eine Organisation dabei unterstützen, Nachhaltigkeit im Sinne der «triple bottom-line» (siehe *Abb. 1*) zu managen, messen und zu kommunizieren. Dieser Standard ist ebenfalls ein Qualitätsstandard, der auf dem Stakeholder-Ansatz aufbaut. Auch der Ethics Compliance Standard 2000 (ECS 2000), der von der japanischen Reitaku Universität für Unternehmen und Organisationen ins Leben gerufen wurde, legt Richtlinien für ein Wertemanagementsystem fest und fordert die Unternehmen auf, eigene ethische Unternehmenspolitiken zu erarbeiten, zu veröffentlichen und diese z.B. durch einen Ethik-Kodex zu konkretisieren. Dabei müssen auch Umsetzungspläne entwickelt werden, die u.a. auch Fortbildungs-, Berichterstattungs- und Kommunikationsmaßnahmen enthalten sowie die Überprüfung und Weiterentwicklung des Werte-Management-Systems regeln.

3.1.7 Sozial verantwortliches Investieren

Sozial verantwortliches Investieren ist ein anderer pragmatischer Ansatz um Verantwortung wahrzunehmen. Sozial verantwortliches Investieren kombiniert die finanziellen Ziele der Investoren mit der Wahrnehmung sozialer und ökologischer Verantwortung – und das auf nachhaltige Art und Weise, wie die Investoren behaupten: *«86% of investors believe that social and environmental risk management improves a company's market value in the long term.»*[92] Soziale Aktienindexe ermöglichen dem Investor eine gezielte Auswahl von Aktien-Portfolios, die z.B. nur Unternehmen einschließen, die sich im Umweltschutz engagieren, Corporate Governance Richtlinien verfolgen und/oder keine Produkte erzeugen, die dem Menschen Schaden zufügen können. Durch ein so genanntes «ethical screening» werden jene Firmen ausgeschlossen, die bestimmte Kriterien nicht erfüllen. Die wachsende Zahl der Aktienfonds und -indexe sind die Antworten auf die veränderten Präferenzen der Investoren. Diese wollen einen nachhaltigen Shareholder-Value, mit ganzheitlichem Erfolg auf der «triple bottom-line», sprich eine wirtschaftlich, ökologisch und sozial verträgliche Wertschöpfung.

Der älteste Aktienindex dieser Art ist der Domini 400 Social Index (DSI), der die Performance von über 400 US-amerikanischen Unternehmen widerspiegelt, die den spezifischen sozialen und umweltbezogenen Kriterien genügen. Auch der Dow Jones Sustainability Index misst die Performance der weltweit führenden Unternehmen in puncto Nachhaltigkeit. 3M, Bayer AG, Henkel und Volkswagen sind u.a. Unternehmen, die diesem Index angehören. Der Ethibel Sustainability Index, der von Standard&Poor (S&P) berechnet wird, sowie der Ethical Index Euro, der v.a. Firmen anzieht, die sich mit Fragen der Menschrechte und des Umweltschutzes auseinandersetzen sind weitere Indexe für soziales Investieren. Als europäische Indexe sind weiters der FTSE4Good Index der Financial Times in Kooperation mit der Londoner Börse bekannt sowie der Humanix Ethical Index als die schwedische Auflage. Wiederum wird hier nur eine Auswahl präsentiert. Eine übersichtliche Tabelle mit einer Auswahl von Indexen mit den Ausschluss- und Positivkriterien befindet sich im *Appendix C*.

3.2 Europa

Dieser Teil beschäftigt sich mit den CSR-Initiativen auf europäischer Ebene. Durch das Grünbuch der Europäischen Kommission zur sozialen Verantwortung von Unternehmen erhielt das Thema der sozialen Verantwortung ein politisches Sprachrohr, das in der Folge durch zahlreiche weitere europäische Initiativen, wie die CSR-Austria und die European Campaign on CSR, weite Kreise zog. Außerdem werden branchenspezifische Initiativen wie die Faire Trade Labelling Initiative und die Clean Clothes Campaign diskutiert, um eine Auswahl an CSR-Initiativen mit europäischen Wurzeln aufzuzeigen.

3.2.1 Grünbuch der Europäischen Kommission

Hintergrund des Grünbuchs

Die Europäische Union hat die CSR zu ihrem Anliegen gemacht und 2001 ein Grünbuch herausgegeben, das eine umfassende Debatte über folgende Fragen in Gang brachte:
- Wie könnte die Europäische Union die soziale Verantwortung der Unternehmen auf europäischer und internationaler Ebene fördern?
- Wie lässt sich insbesondere die bisher gesammelte Erfahrung optimal nutzen, die Entwicklung innovativer Verfahren fördern, die Transparenz steigern und die Bewertung sowie das Validieren der verschiedenen Initiativen in Europa zuverlässiger gestalten?[93]

Das Grünbuch propagiert die ganzheitliche Sicht der sozialen Verantwortung und die Vertiefung von Partnerschaften, in denen alle Stakeholder eine aktive Rolle zu spielen haben.

Ziele des Grünbuchs

Das Grünbuch möchte eine Debatte anregen und Unternehmen sowie Stakeholder für dieses Thema sensibilisieren. Nach dem Konsultationsprozess wurde ein CSR Multi-Stakeholder-Forum installiert, das Innovation, Transparenz und Konvergenz von CSR-Praktiken und -Instrumenten fördert um u.a. die strategischen Ziele des Europäischen Rates 2000 in Lissabon zu verwirklichen, nämlich die Union *«zum wettbewerbsfähigsten und dynamischsten wissensbasierten Wirtschaftsraum der Welt zu machen, einem Wirtschaftsraum, der fähig ist, ein dauerhaftes Wirtschaftswachstum mit mehr und besseren Arbeitsplätzen und einem größeren sozialen Zusammenhalt zu erzielen»*[94].

3.2.2 CSR Europe und European Campaign on CSR

Hintergrund der Initiative CSR Europe

1996 wurde CSR Europe durch den ehemaligen Kommissionspräsident Jacques Delors gegründet und ist, ebenfalls motiviert durch das Grünbuch der Europäischen Kommission, eine Antwort auf den Lissabonner Gipfel. Heute wird CSR Europe, unterstützt durch 18 nationale Partnerorganisationen (wie z.B. CSR Austria) als die europäische Expertenorganisation in CSR-Belangen gesehen.

CSR Europe ist eine nicht profitorientierte Organisation, die sich für eine wohlverstandene soziale Veranwortung von Unternehmen einsetzt. Diese Initiative möchte die Integration von CSR-Aktivitäten in die alltägliche Geschäftspraxis bewerben. CSR Europe arbeitet eng mit der Europäischen Kommission zusammen und ist ein Mitglied des Forums zum Europäischen Multi-Stakeholder Dialogs. Ausserdem unterstützt CSR Europe die

Mitglieder-Organisationen und entwickelt ihren Bedürfnissen entsprechende Möglichkeiten zur Umsetzung von CSR-Aktivitäten in den Bereichen Diversität in Unternehmen, Menschenrechte, Berichterstattung und Kommunikation, Bildung und lebenslanges Lernen sowie auch sozial verantwortliches Investieren und Integration der CSR in den Geschäftsalltag.

Diese Expertenorganisation initiierte mit 15 nationalen und internationalen Organisationen die «European Business Campaign on Corporate Social Responsibility». Die Kampagne wird von der EU unterstützt und versucht vor allem auch Klein- und Mittelbetriebe bei der Umsetzung von CSR-Maßnahmen unterstützend zur Seite zu stehen. Ziel der Kampagne ist es, bis zum Jahre 2005 mehr als 500.000 Unternehmer und Partner zu mobilisieren, ihre CSR-Aktivitäten in ihr Kerngeschäft zu integrieren.

Ziele der CSR Europe

CSR Europe hat sich folgende Ziele gesetzt:

- die Führungskräfte von den Vorteilen der sozial verantwortlichen Geschäftspraxis durch die Bereitstellung von Publikationen, die u.a. Best-Practices und CSR-Instrumente beinhalten, zu überzeugen und Möglichkeiten zum Aufbau von CSR-Wissen und -Kapazitäten zu bieten sowie
- einen Stakeholder-Dialog anzuregen, in den Politiker, Regierungen, Investoren, Sozialpartner, Wissenschaftler und die Zivilgesellschaft eingebunden sind.

3.2.3 Fair Trade Labelling – Logos für fair gehandelte Produkte

Hintergrund des unfairen Handelns

In Europa und vielen anderen nördlichen Ländern werden viele Genuss- und Lebensmittel konsumiert, die in denselben Breitengraden aufgrund der klimatischen Bedingungen nicht angebaut werden können. Durch den globalen Handel mit vielen Agrarprodukten, wie Kaffee, Kakao, Bananen und Zucker, bleibt den ursprünglichen Produzenten oft nicht einmal das Existenzminimum übrig. Dies ist vor allem durch die vielen Zwischenhändler und die Marktmacht weniger Großkonzerne zu erklären. Diese Art des Handelns wird von Globalisierungskritikern als «unfair» beschrieben. Aus dieser Einschätzung heraus entstand 1988 in den Niederlanden die Idee des garantierten Fairen Handels (Fair Trade), der als alternativer Ansatz zum konventionellen Handel bezeichnet wird. Der faire Handel unterstützt Produzentinnen und Produzenten in den Entwicklungsländern, um ihnen eine menschenwürdige Existenz aus eigener Kraft zu ermöglichen. Ein Kaffee-Produzent aus Mexiko erklärt, dass es dabei weniger um Entwicklungshilfe, sondern vielmehr um eine faire Handelspraxis geht: *«We don't need any charity, we are not beggars. If we are paid a reasonable price for our coffee, then we can do without charity.»*[95]

Ziele des fairen Handels

Durch fairere Handelsbeziehungen sollen die Lebensumstände der Menschen in den südlichen Ländern nachhaltig verbessert, die Binnenwirtschaft gestärkt und langfristig unfaire Wirtschaftsstrukturen abgebaut werden. Zum Beispiel decken die festgelegten Mindestpreise und Aufschläge die Produktionskosten und sichern das absolute Existenzminimum. Diese Art der Vermarktung ist inzwischen recht erfolgreich. Allein im Jahr

2002/2003 ist der Absatz von Fairtrade Kaffee in Österreich um 13% gestiegen und mittlerweile werden rund 26 verschiedene Fairtrade Kaffeesorten in Österreich angeboten.[96]

Durch die Vergabe von einheitlichen Logos durch z.B. die Fairtrade Labelling Organisation, werden fair gehandelte Produkte schnell als solche erkannt und dem Konsument eine garantiert fair gehandelte Alternative angeboten. Durch die strengen Kriterien sind die gekennzeichneten Produkte nicht nur fair gehandelt, sondern erfüllen auch hohe Qualitätsstandards. Diese Standards wurden in einem Stakeholder-Konsultationsprozess mit Mitgliederorganisationen (wie z.B. Fairtrade Österreich), Produzenten-Organisationen, Händlern und Experten, entwickelt und regelmäßig diskutiert. Im europäischen Markt profitieren nach Auskunft des Vereins Trans-Fair 4,5 Millionen Produzenten in 45 Ländern mit ihren Familien vom fairen Handel.[97]

3.2.4 Clean Clothes Campaign

Hintergrund der Kampagne

Die Clean Clothes Campaign (CCC) wurde 1990 in den Niederlanden gegründet und besteht heute aus einem europaweitem Netzwerk mit Mitgliedern aus Österreich, Belgien, Frankreich, Deutschland, Italien, Holland, Portugal, Spanien, Schweden und der Schweiz.

Jede nationale Gruppe operiert autonom als Netzwerk mit Aktivisten, Nichtregierungs-Organisationen (NGOs), wie Menschenrechtsgruppen, Frauennetzwerken, politischen Vertretern, Gewerkschaften und Wissenschaftlern. Das internationale Netzwerk besteht ebenfalls aus NGOs und Gewerkschaften sowie einem Grossteil der europäischen Mitgliedsstaaten.

Diese Netzwerke organisieren Kampagnen, wie z.B. die Kampagne «Fair play at the Olympics»[98], in Zusammenarbeit mit anderen Organisationen, die im Vorfeld der Sommerolympiade 2004 in Griechenland auf die Situation von Arbeitern von Sportbekleidungskonzernen aufmerksam machen. Diese Kampagnen haben einen großen Effekt auf die Aufmerksamkeit von Unternehmen.[99] CCC ist auch erfolgreich bei der Mobilisierung von Konsumenten, die die Unternehmen an den Verhandlungstisch bringen: *«Besides functioning as a mass mobilisation and solidarity organisation, the CCC also acts as a stakeholder in multiparty negotiations with companies. Although these dual functions are considered fundamental pillars of CCC work, they are difficult to combine. Progress has therefore been slow in the field of negotiations with companies. Once the experience gained in pilot projects is evaluated ... the results show how much additional substance is needed to make the CCC Code more concrete.»*[100] Wick macht hiermit deutlich, dass diese duale Strategie (Kampagnen gegen bestimmte Firmen und zeitgleich Engagement mit den Firmen) eine Bremse für Verhandlungsprozesse sein kann, gleichzeitig aber auch eine Chance und Herausforderung darstellt.

Ziele der Kampagnen

Die CCC hat sich die Interessen der Arbeiterinnen und Arbeiter in der Textil- und Sportbekleidungsindustrie sowie die Anliegen der Konsumenten, die Artikel aus diesen Industrien kaufen, zur Aufgabe gemacht. Das Netzwerk engagiert sich durch eine Fülle von Instrumenten, die auch einen Verhaltenskode für Unternehmen einschließt, der auf Basis der ILO-Konvention entwickelt wurde und zu besseren Arbeitsbedingungen beitragen soll. Dieser Kode beinhaltet Richtlinien zu Minimallöhnen, Arbeitszeit und Arbeitsbedingungen. Die Kontrolle der Einhaltung dieser Kodes ist unerlässlich, denn *«ohne Kontrolle durch unabhängige Organisationen und Ge-*

werkschaften sind die angeblichen Verbesserungen kaum überprüfbar»[101], beschwert sich auch Christian Mück von der CCC.

Gerade die Bekleidungsindustrie ist durch die aggressive Auslagerung der Produktionsstätten in Billiglohnländer, wie Chile, China, Indonesien oder Thailand, stark ins Kreuzfeuer der Kritik geraten. Neben der Clean Clothes Campaign gibt es zahlreiche weitere Initiativen, die im Bereich Arbeitsrechte aktiv sind, das sind u.a. die niederländische «Fair Wear Foundation» oder auch die «Global Alliance», die international mit der Weltbank kooperiert und versucht den Arbeiterinnen und Arbeitern ein Sprachrohr zu sein.

3.3 National

Im letzten Teil dieses Kapitels richtet sich nun das Augenmerk auf die österreichischen Initiativen. Die CSR Austria leitet sich direkt von der CSR Europe-Initiative ab. Auch das Institut zur Cooperation von Entwicklungsprojekten arbeitet eng mit CSR Austria zusammen und hat sich mit der corporAID-Initiative das Ziel gesetzt, Unternehmen intensiver in die «Corporate Citizen»-Rolle einzubinden. CSR Austria vergibt jährlich den Unternehmerpreis Trigos, auf den ebenfalls im Anschluss eingegangen wird.

3.3.1 CSR Austria

Hintergrund der CSR Austria

Unter dem Motto «Wirtschaftlicher Erfolg mit gesellschaftlicher Verantwortung» wurde CSR Austria von der Industriellenvereinigung, der Österreichischen Wirtschaftskammer und dem Bundesministeriums für Wirt schaft und Arbeit initiiert. CSR Austria versteht sich als Programm, dass eine pro-aktive CSR-Politik zur Förderung des Wirtschaftsstandorts Österreichs einleiten will. Dazu wurde ein Leitbild für das gesellschaftliche Handeln von Unternehmen erarbeitet.

Ziele der CSR Austria

Die Initiative verfolgt vordergründig zwei Ziele:

1. Sichtbar machen, was Österreichs Unternehmen für Staat und Gesellschaft leisten
2. Unternehmer motivieren, ihr diesbezügliches Engagement zu verstärken und zu kommunizieren[102]

Ferner soll ein positiver Dialog zwischen Wirtschaft, Politik und Gesellschaft aktiviert werden, um das Vertrauen von Shareholdern, Stakeholdern und der Bevölkerung in die Unternehmen und die Wirtschaft zu fördern. Außerdem möchte CSR Austria existente CSR-Modelle hinsichtlich ihrer Anwendbarkeit durch österreichische Unternehmen analysieren und bewerten – mit dem Ziel die Unternehmer durch die positiven Auswirkungen des CSR-Managements zu überzeugen. Damit leistet die Initiative einen wesentlichen Beitrag zur Umsetzung der österreichischen Nachhaltigkeitsstrategie.[103]

CSR Austria liefert den Unternehmen Informationen über praktikable CSR-Modelle. Durch Workshops, Diskussionen und öffentlichen Veranstaltungen soll CSR an die Öffentlichkeit getragen werden und das Bewusstsein für gesellschaftliche Verantwortung gestärkt werden. Des Weiteren führt die Initiative mit Partnern Studien durch und stellt CSR-Instrumente und Informationen rund um das Thema in Publikationen sowie auf der Homepage zur Verfügung. Die Verleihung eines CSR-Unternehmerpreises, Symposien und Konferenzen sind weitere Maßnahmen der CSR-Austria, einen Dialog mit Stakeholdern zu forcieren.

3.3.2 corporAID

Hintergrund der corporAID Initiative

corporAID ist eine Initiative des Instituts zur Cooperation bei Entwicklungs-Projekten (ICEP) und arbeitet mit CSR Austria als Partner zusammen, um sich für Verbesserungen der Situation in anderen Ländern, vorwiegend Entwicklungsländern, einzusetzen. Der Verein hat sich zur Aufgabe gemacht, die globale Armut durch Entwicklungsprojekte in Zusammenarbeit mit österreichischen Unternehmen zu bekämpfen. ICEP versucht damit das UN-Millenniums-Ziel, den Anteil armer Menschen weltweit bis 2015 zu halbieren, ein Stück weit zu verwirklichen.

Konkret unterstützt corporAID den Austausch zwischen Unternehmen und professionellen Mitarbeitern der Entwicklungszusammenarbeit und bietet auch Möglichkeiten, die Aktivitäten einer breiten Öffentlichkeit zu präsentieren. Das corporAID-Magazin dient dabei als Informationsmedium. Außerdem wurde ein corporAID-Fonds von österreichischen Firmen installiert, um bedürftigen Menschen in den Entwicklungsländern zu helfen. corporAID-Events ergänzen das Informationsangebot und zeigen wie gelebte CSR funktionieren kann.

Ziele der corporAID Initiative

Das Projekt corporAID richtet sich an die österreichische Privatwirtschaft und möchte globale Armutsbekämpfung für respektive von Unternehmen thematisieren. Weiters wird versucht Unternehmen Möglichkeiten zu bieten, bei globalen Entwicklungsprojekten Win/Win-Situationen für das eigene Unternehmen und für die Menschen in den Entwicklungsländern zu schaffen.

3.3.3 Unternehmerpreis Trigos

Hintergrund und Ziele des Unternehmerpreises

Der Unternehmerpreis Trigos ist eine gemeinsame Initiative der Caritas, des österreichischen Roten Kreuzes, der Wirtschaftkammer Österreich, des SOS-Kinderdorfes, des World Wide Fund for Nature (WWF), der Industriellenvereinigung Österreichs und Humans World. Trigos ist eine Auszeichnung für Unternehmen, die sich den Herausforderungen des 21. Jahrhunderts stellen und neben wirtschaftlichem Erfolg auch soziale und ökologisch nachhaltige Erfolge erzielen. *«... Mit Trigos wollen wir ... jene Unternehmen auszeichnen, die diese Notwendigkeit bereits jetzt erkannt haben und ihre gesellschaftliche Verantwortung in Form von Projekten wahrnehmen. Zum Wohle der Wirtschaft und der Gesellschaft.»*[104] Der Präsident des WWF geht noch einen Schritt weiter: *«Die Umsetzung der Prinzipien der Corporate Social Responsibility und die Prämierung der besten Beispiele im Rahmen des TRIGOS Preises kann ein gewaltiger Beitrag für die Bewahrung unserer Lebensgrundlagen sein. Dafür und für die Schaffung neuer Allianzen bei der Bewältigung dieser Aufgabe setzt sich der WWF ein.»*[105]

Unternehmen können Projekte in den Kategorien «Gesellschaft», «Arbeitsplatz» und «Markt» einreichen. Prämiert werden dabei aktives Engagement für die Gesellschaft, Wahrnehmung ökologischer Verantwortung, vorbildliche Maßnahmen zur Gleichbehandlung, Bildung und Motivation der Mitarbeiter sowie in der Kategorie «Markt» die Verantwortung für Produkte und Dienstleistungen wie auch die Offenheit und Transparenz gegenüber Kunden und Partnern.

Bewertungskriterien der Projekte:

- Wie kam es zu dem Projekt bzw. der Strategie und welche Veränderungen wurden dadurch erreicht?
- Zeichnet sich das Projekt durch Innovation aus? Wurde ein Benchmark-Niveau erreicht?
- Wer sind die Partner und wer ist/war dabei die treibende Kraft?
- Welchen Stellenwert hat die Aktivität im Unternehmen? Ist die Aktivität in die Strategie integriert?
- Welche Ziele wurden gesetzt? Welche wurden erreicht?

Das *dritte Kapitel* beschäftigte sich mit einer Auswahl an CSR-Initiativen, die in verschiedensten Bereichen für eine verantwortungsvolle Unternehmensführung stehen. Für Informationen rund um die verschiedenen CSR-Initiativen wird an dieser Stelle auf die am Ende des Buches aufgelisteten Internetquellen der CSR-Initiativen verwiesen.

4. Begriffliche Abgrenzung und Einordnung der CSR

«CSR ist vor allem praktisch!»
Benedikt Metternich

In der Literatur findet sich keine allgemein akzeptierte CSR-Definition. Die vorhandenen Definitionsversuche diverser Organisationen setzen verschiedene Schwerpunkte, die die aktuelle Situation und Rahmenbedingungen sowie Motivationen zur CSR vergegenwärtigen.

4.1 Verschiedene Zugänge zur CSR

Die US-amerikanische Wirtschaft ist durch den Neoliberalismus und das Shareholder-Value Denken geprägt und durch zahlreiche Finanzskandale und unethische Geschäftspraktiken vieler Großkonzerne gezeichnet. In der CSR-Definition des amerikanischen Global Business Responsibility Resource Center (vergleichbar mit der CSR Europe-Initiative) liegen die Schwerpunkte v.a. im Bereich der Führungsethik und ethischen Managementpraxis: *«CSR generally refers to business decision making linked to ethical values, compliance with legal requirements, and respect for people, communities, and the environment. CSR is defined as operating business in a manner that meets or exceeds the ethical, legal, commercial, and public expectations that society has of business. It is viewed as a comprehensive set of policies, practices, and programs that are integrated throughout business operations and as decision-making processes that are supported and rewarded by top management.»*[106]

Einen etwas anderen Ansatz der CSR vertritt der World Business Council for Sustainable Development (WBCSD). Die Organisation sieht die Unternehmen primär als Triebkräfte für nachhaltige wirtschaftliche Entwicklung neben einem Engagement für die Mitarbeiter und die Gesellschaft: «*Corporate Social Responsibility is the continuing commitment by business to behave ethically and contribute to economic development while improving the quality of life of the workforce and their families as well as of the local community and society at large.*»[107]

Auch geographische, respektive kulturelle Rahmenbedingungen münden in einer differenzierten Auffassung von gesellschaftlicher Verantwortung der Unternehmen. Der WBCSD in Ghana definiert beispw. CSR verstärkt als Antwort auf Entwicklungsarbeit: «*CSR is about capacity building for sustainable livelihoods. It respects cultural differences and finds the business opportunities in building the skills of employees, the community and the government*»[108] oder der WBCSD der Philippinen determiniert CSR kurz und prägnant «*CSR is about business giving back to society*»[109] und weist auf den unverantwortlichen Umgang mit Ressourcen in den süd-ost asiatischen Ländern hin.

Das Committee for Economic Development (CED), beschreibt CSR als ein Konzept dreier konzentrischer Kreise. Der innere Kreis beschreibt die ökonomische Verantwortung von Unternehmen, nämlich die Produktion von Gütern und Dienstleistungen, die Schaffung und Sicherung von Arbeitsplätzen und gesamtökonomisches Wachstum. Der mittlere Kreis steht für die Verantwortung gegenüber den Kunden, für faire Preis- und Produktgestaltung und der äußerste Kreis für die Verantwortung über die Geschäftstätigkeit hinaus.[110] Bei dieser CSR-Auffassung werden die Verantwortlichkeiten von innen nach aussen priorisiert.

Während in den USA die wirtschaftlichen Interaktionen mehr als Wettbewerb und konträres Verhalten beschrieben werden, dominiert in Europa in Ländern mit sozialer Marktwirtschaft verstärkt Zusammenarbeit und

Zusammenhalt (das Vereinigte Königreich mit dem angloamerikanischen Wirtschaftssystem ausgenommen). Hier wird verstärkt mit Sozialpartnern (Regierung, Gewerkschaften usw.) zusammengearbeitet um eine sozial verträgliche Form des Wirtschaftens zu fördern. Regulative Institutionen werden mehr als Kontrollinstanzen verstanden, deren Aufgabe die Sicherstellung der Konformität der gesetzlichen Bestimmungen ist.[111] *Tab. 3* veranschaulicht die Gegensätze US-amerikanischer und europäischer Mentalitäten:

USA	Mitteleuropa
Neoliberalismus	Soziale Marktwirtschaft
Shareholder Ansatz	Stakeholder Ansatz
Pioniergeist	Pflichtenethik
Zivilgesellschaft, starke Eigeninitiative	Sozialstaat, schwache Eigeninitiative
Volunteering-Tradition	Formalisierte Ehrenämter
Kalvinistisches Prinzip der «tätigen Nächstenliebe»	Lutherahnisches Prinzip der von Steuergeldern alimentierten Staatskirche
Informelle soziale Netzwerke	Stark regulierte Verbandsstrukturen
«Just do it!»-Prinzip	Suche nach idealen Lösungen
Ethics is good business!	Moral muss wehtun!
Schriftliche Ethikkodes	Traditionelles Unternehmerethos

Tab. 3: Mentalitätsgegensätze durch kulturelle Unterschiede (modifiziert nach Gazdar, Kirchhoff (2002),S. 47)

Durch den Zusammenschluss europäischer Staaten zu einer machtkonzentrierten Union entstand eine gemeinsame Überzeugung, die ursprünglich amerikanische Idee der CSR in adäquater Form den europäischen Unternehmen nahe zu legen.

Die meisten verwendeten Definitionen in Europa lehnen sich an das Grünbuch der Europäischen Kommission über die europäischen Rahmenbedingungen für die soziale Verantwortung der Unternehmen an: *«Corporate Social Responsibility ist ein Konzept, das den Unternehmen als Grundlage dient, auf freiwillige Basis soziale Belange und Umweltbelange in ihre Unternehmenstätigkeit und in die Wechselbeziehungen mit den Stakeholdern zu integrieren, da sie zunehmend erkennen, dass verantwortungsvolles Handeln zu nachhaltigem Unternehmenserfolg führt.»*[112]

Der Begriff «Corporate Social Responsibility» wird häufig als «die soziale Verantwortung von Unternehmen» ins Deutsche übersetzt. Diese Übersetzung ist insofern nicht gut gelungen, als dass sie dem zugrunde liegenden CSR-Konzept nicht ganz gerecht wird. Das englische Wort «Responsibility» lässt mehr Freiheit zu, ist quasi eine Möglichkeit zu antworten und weist damit auf die Freiwilligkeitskomponente des Konzeptes hin. Das deutsche Wort Verantwortung hingegen impliziert eine gewisse Pflicht und Schuld verantwortlich zu reagieren. Die österreichische Industriellenvereinigung hat sich auf die Übersetzung «gesellschaftliche Verantwortung» geeinigt, mit der Absicht mehr umfassen zu wollen als mit dem Wort «sozial», welches allerdings auch im Duden als die «Gesellschaft betreffend, gesellschaftlich, gemeinnützig» und «wohltätig»[113] definiert wird.

Eines der bekanntesten diskutierten Konzepte der CSR ist jenes von Archie B. Carroll. Carroll versucht mit einer Pyramide den Umfang und die Kategorien der sozialen Verantwortung abzubilden. Dabei werden nicht nur die verschiedenen Verantwortlichkeiten getrennt, sondern auch eine Erweiterung der Verantwortlichkeiten im Zeitablauf vorgenommen.

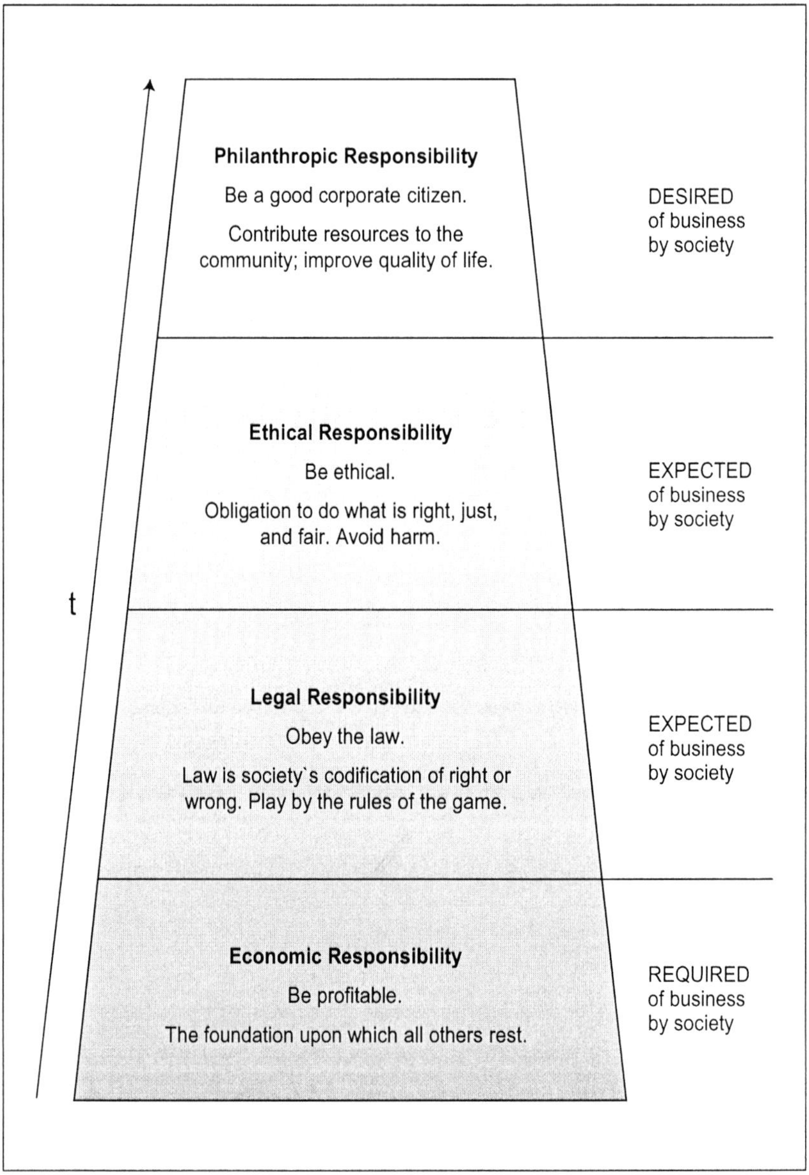

Philanthropic Responsibility

Be a good corporate citizen.

Contribute resources to the
community; improve quality of life.

DESIRED
of business
by society

Ethical Responsibility

Be ethical.

Obligation to do what is right, just,
and fair. Avoid harm.

EXPECTED
of business
by society

Legal Responsibility

Obey the law.

Law is society`s codification of right or
wrong. Play by the rules of the game.

EXPECTED
of business
by society

Economic Responsibility

Be profitable.

The foundation upon which all others rest.

REQUIRED
of business
by society

t

Abb. 2: *Die Pyramide der Corporate Social Responsibility (modifiziert nach Caroll (1993),*
S. 35-36)

Die Pyramide bildet als Fundament die wirtschaftliche Leistung eines Unternehmens ab, die notwendig ist und auf die die weiteren Verantwortlichkeiten aufbauen. Gleichzeitig muss ein Unternehmen die von der Gesellschaft geschaffenen Gesetze beachten. Als nächstes wird die ethische Verantwortung zum Thema. Die Verpflichtung ethisch richtig zu handeln und ungerechtes Handeln gegenüber Stakeholdern zu vermeiden, wird in diesem Modell von der Gesellschaft erwartet. Letztlich wünscht sich die Gesellschaft von den Unternehmen, dass sie sich als «Good Corporate Citizen» verhalten. Dies wird im obersten Teil der Pyramide durch die philanthropische Verantwortung beschrieben, die sich durch freiwillige Beiträge (z.B. Geld, Human-Ressourcen) für die Gemeinschaft und eine bessere Lebensqualität einsetzen.[114]

4.2 CSR - Eine Definition

Die CSR lässt sich wie folgt definieren und erklären:
Corporate Social Responsibility ist ein freiwilliges Konzept, das die Corporate Citizens zum Stakeholder-Dialog anleitet um Vertrauen in das Unternehmen aufzubauen und durch nachhaltige soziale und ökologische Aktivitäten soziale und wirtschaftliche Wertschöpfung zu generieren, mit dem Ziel, eine Daseinsberechtigung von der Gesellschaft zu erhalten.

Freiwilliges Konzept

Jede legislatorische Beantwortung der Frage nach CSR ist nicht nur ein Widerspruch zur Ursprungsidee der CSR, sondern wäre auch aufgrund der Komplexität und Vielschichtigkeit von Anfang an zum Scheitern verurteilt. Der WCSBD drückt das Prinzip der Freiwilligkeit so aus: *«Es geht primär darum kreative Unruhe der Makroebene* [Industrie] *zu fordern und zu fördern, mit Mitteln der Motivation und nicht durch Vorgaben und Vorschriften.»*[115] CSR-Inhalte gehen über gesetzliche Verpflichtungen hinaus, bezeichnen aber nicht Versäumnisse von Regierungen, die kompensiert werden müssen.

Anleitung für «Corporate Citizens»

Es gibt kein Standard-Konzept der CSR. CSR als Leitidee lässt Raum für kreative Umsetzung zu. CSR soll die Unternehmen, die sich selbst in der Rolle als «Corporate Citizen» verstehen, anleiten, soziale Verantwortung zu übernehmen und dabei im Prinzip dieselben Kriterien und Maßstäbe für sich gelten lassen, wie sie ein guter Bürger respektiert.[116] Das CSR-Konzept ist in die einzigartige Unternehmensstrategie integriert, ergo ist auch jedes CSR-Konzept einzigartig.

Stakeholder-Dialog um Vertrauen in das Unternehmen aufzubauen

Die Autorin versteht das Unternehmen als aktiven Gesprächspartner, der im Dialog mit den Stakeholdern versucht Vertrauen «aufzubauen», Vertrauen zu «halten» und es auch zu «zeigen». Vertrauen wird dabei definiert als *«die freiwillige Erbringung einer riskanten Vorleistung unter Verzicht auf explizite vertragliche Sicherungs- und Kontrollmaßnahmen gegen opportunistisches Verhalten in der Erwartung, dass der Vertrauensnehmer motiviert ist, freiwillig auf opportunistisches Verhalten zu verzichten»*[117].

Der Dialog entstammt dem griechischen Wort «dialogos», das «Unterredung» bedeutet bzw. etymologisch von dia (mittels) und logos (Worte) und bezieht sich auf *«das in Frage und Antwort, Rede und Gegenrede geführte Gespräch im Unterschied zum Monolog»*[118]. Im Dialog ist Kommunikation nicht Mittel, sondern Zweck. Wenn Kommunikation als Mittel verstanden wird, wird versucht den Kommunikationsprozess zu beenden, weil eben der Zweck erreicht werden will. Es wird dann beispielsweise solange diskutiert, bis eine Lösung gefunden wird, das heißt bis der Dialog zu einem Monolog geworden ist. Im Dialog geht es aber darum, auf neutrale Art und Weise die Anzahl der Sichtweisen zu vergrößern und nicht darum, die richtige Sichtweise zu finden und die anderen davon zu überzeugen. Im Dialog interessieren sich die Teilnehmenden dafür, wie sie die Aktivitäten oder ihre Umwelt sehen.[119]

Die allgemeinen Grundsätze eines ethisch reflektierten Dialogs werden nun auf den Stakeholder-Dialog, der im Folgenden mit drei Prozessschritten beschrieben wird, übertragen.

a) Vertrauen «aufbauen»

Diese Stufe ist entscheidend für den gesamten Prozess. Hier geht es um die reflektierte Dialog-Kultur, die den Stakeholder-Dialog erst möglich macht. Ein Unternehmen braucht die Akzeptanz von seiten der Stakeholder, doch die Akzeptanz allein mündet noch nicht in einem fruchtbaren Dialog. Vertrauen und auch Akzeptanz können nur erreicht werden, wenn der Stakeholder-Dialog zu einer Plattform des Meinungsaustausches wird. Von kritischen Stakeholder-Meinungen kann ein Unternehmen lernen und darauf reagieren. Die Stakeholder sehen sich dadurch nicht nur als Legitimitätshürde, sondern als Gesprächspartner für konstruktive Kritik. Diese verstärkte Wahrnehmung von Stakeholder-Anliegen und die Dialogrelation bauen gegenseitiges Vertrauen auf, das Unternehmen zeigt sich als Teil der Gesellschaft und nicht als überlegen. Kaiser spricht in diesem Zusammenhang von einer geistigen Grundhaltung der Akteure. *«Man muss anderen zuhören wollen* [Interesse an Meinungen der Stakeholder haben]*, um ihnen glaubwürdig zuhören zu können. Dann wird Vertrauen aufgebaut.»*[120]

b) Vertrauen «halten»

Der Stakeholder-Dialog ist ein kontinuierlicher Kommunikationsprozess. Die Praxis der Unternehmensberichterstattung zeigt weltweit, dass soziale Berichterstattung verstärkt forciert wird. Durch Umweltberichte wie z.B. von Volkswagen, Corporate Citizenship Reporte und Nachhaltigkeitsberichte wie etwa von Siemens und Motorola werden Stakeholder laufend über die sozialen und gesellschaftlichen Aktivitäten und Grundhaltungen informiert und auch zum Dialog eingeladen wie z.B. bei Siemens durch die sog. Siemensforen.[121] Begünstigt werden diese Entwicklungen im Bereich integrierter Sozial-Berichte durch die Verbreitung des Leitfadens für Nachhaltigkeitsberichte, der vom internationalen Projekt «Global Reporting Initiative» (GRI) (siehe *Punkt 3.1.3*)[122] in einer ersten Fassung im Juni 2000 vorgelegt wurde. Nachdem nun das Vertrauen im ersten Schritt aufgebaut wurde, geht es darum dieses durch kontinuierlichen Austausch von Informationen zu «halten». Wenn sich ein Unternehmen Verhaltenskodes und Corporate Governance-Richtlinien verpflichtet hat, sollte dies auch kommuniziert werden, um zu zeigen, dass das Unternehmen auf die Meinungen und Anliegen der Stakeholder antwortet.

c) Vertrauen «zeigen»

«Vertrauen zeigen» bedeutet in diesem Prozess im übertragenen Sinn das sog. «walking of the talk» wie die Amerikaner sagen. Hier wird gezeigt, dass die Meinungen und Anliegen, die das Unternehmen aufgegriffen hat, auch effektiv umgesetzt werden. Wenn Vertrauen zur Ideologie wird, lähmt es die Lebendigkeit der Beziehungen zu den Stakeholdern. Vertrauen generiert sich immer wieder selbst im Handeln.[123] Im Handeln eines Unternehmens durch z.B. Mitarbeiterumfragen und gelebte Werte wie durch konsistente Umsetzung von Verhaltenskodes, Corporate Governance-Richtlinien, usw. wird Vertrauen den Stakeholdern gegenüber «gezeigt» und das Unternehmen handelt, weil es Vertrauen genießt (siehe Rückkoppelungspfeile in der *Abb. 3*). Die *Abb. 3* stellt den dreistufigen Prozess des Stakeholder-Dialogs grafisch dar:

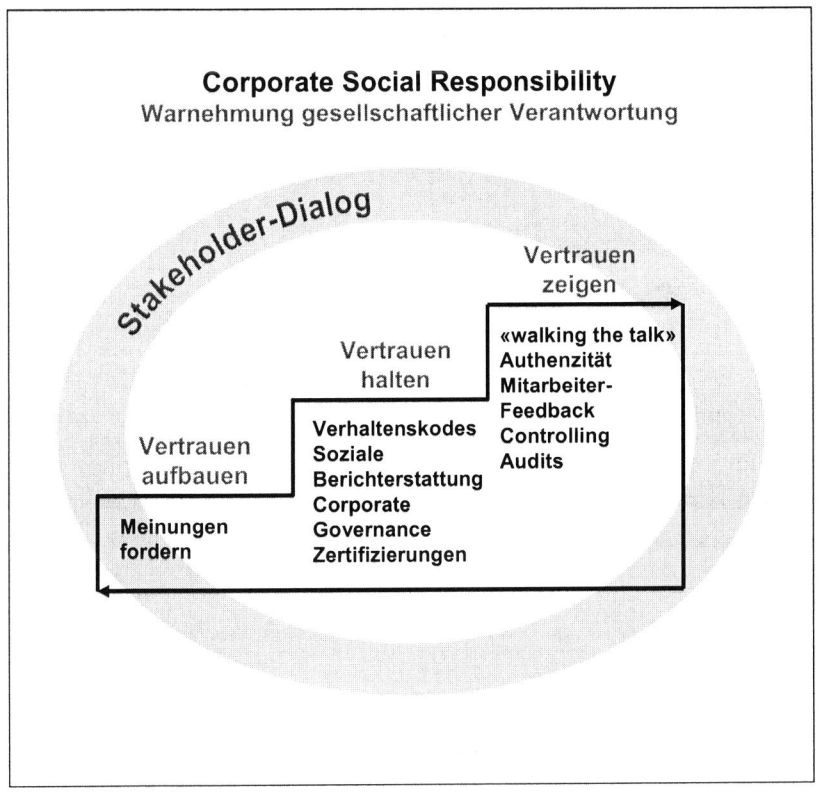

Abb. 3: Schritt für Schritt im Stakeholder-Dialog Vertrauen aufbauen

Pro-aktives Verhalten gegenüber Stakeholdern und «Issue Management» helfen dem Unternehmen rechtzeitig Bereiche zu erkennen, für die es Verantwortung übernehmen soll. Ein pro-aktiver Stakeholder-Dialog ist eine nützliche Plattform um Veränderungen zu registrieren. «Issue Management» kommt ursprünglich aus der Strategieliteratur von H. Igor Ansoff und diente dort zur Ergänzung der strategischen Planung. Dabei handelt es sich um einzelne Streitfragen in den Erwartungen verschiedener Anspruchsgruppen des Unternehmens. Frühzeitiges Erkennen dieser Differenzen kann den Handlungsspielraum für die Strategie erweitern.[124]

Nachhaltige soziale und ökologische Aktivitäten durchführen

Die CSR-Aktivitäten sollen nicht nur langfristig geplant sondern auch dem Anspruch auf nachhaltige Wirkung gerecht werden. Durch nachhaltiges Wirtschaften sollen demnach auch die künftigen Generationen einen lebenswerten Globus vorfinden können. Mit sozialen und ökologischen Aktivitäten ist das gesamte Spektrum der Möglichkeiten zusammengefasst, das dem Unternehmen Handlungsmöglichkeiten zur gesellschaftlichen Verantwortung bietet. Je nach Größe des Unternehmens (multinational oder Klein- und Mittelbetrieb), Sensibilität der Industrie (z.B. sind die Pharmaindustrie, Petrochemie, Textilindustrie als sehr sensible Branchen eingestuft) und Ausmaß des Engagements sowie Ausmaß der Integration in die Unternehmensstrategie (inwiefern es sich um einen ganzheitlichen Ansatz entlang der gesamten Wertschöpfungskette handelt), werden sich die Aktivitäten in ihrer Intensität und Breite von Unternehmen zu Unternehmen unterscheiden. Im *fünften Kapitel* dieses Abschnittes wird auf die Betätigungsfelder noch genauer eingegangen. Viele Aktivitäten werden selbst vom Unternehmen vor Ort durchgeführt, jene die vor allem nach innen, an Mitarbeiter gerichtet sind. Auch Kooperationen mit Nichtregierungs- und auch Regierungsorganisationen sind denkbar, um z.B. die Expertise von solchen spezifizierten Organisationen für einen globaleren CSR-Ansatz in Entwicklungsländern zu nutzen (z.B. kooperiert die mobilkom austria mit der Nichtregierungsorganisation «Ärzte ohne Grenzen»).

Soziale und wirtschaftliche Wertschöpfung erzielen um eine Daseinsberechtigung zu erhalten

«Ein Unternehmen muss nach Profit streben, wenn es nicht sterben soll. Doch wenn jeder versucht, die Geschäfte ausschließlich nach dem Profit auszurichten ..., wird das Unternehmen ebenfalls sterben, denn es verliert damit seine Daseinsberechtigung.»[125] Henry Ford versucht den ökonomisch rationalen Zweck eines Unternehmens, nämlich Gewinne zu erwirtschaften, mit einem übergeordneten, nicht deklarierten Zweck zu beschreiben, der die Lizenz zum Operieren von der Gesellschaft einfordert. Es geht also wiederum um das Verhältnis zwischen moderner philosophischer Ethik und moderner Ökonomik, um die Verknüpfung zweier Idealtheorien rationalen Handelns. Anita Roddick, Gründerin der erfolgreichen Körperpflege- und Kosmetik-Kette «The Body Shop», katapultiert ökonomische Logik und Verantwortung auf gleiche Ebene: *«Das Business des Business darf sich nicht auf Geld beschränken; mindestens genauso viel sollte es mit Verantwortung zu tun haben. Es geht schließlich auch um das öffentliche Wohl, nicht allein um die Befriedigung der persönlichen Habsucht.»*[126]

Das bedeutet für die Unternehmen einerseits sich für die Erzielung von Gewinnen, die die Existenz des Unternehmens sichern, zu verpflichten und andererseits die Durchführung von sozialen und ökologischen Aktivitäten, die die Zukunft gestalten, zu internalisieren. Das sind zwei Wertschöpfungsaufgaben, die ein Unternehmen zum Dasein berechtigen. Im *zweiten Abschnitt* werden die Ziele der strategischen Unternehmensführung genauer erläutert.

4. 3 Corporate Social Responsibility versus Corporate Citizenship

In der Literatur werden Abgrenzungsversuche der CSR zu «Corporate Sustainability», «Sustainable Management», «Stakeholder-Management» usw. vorgenommen, insbesondere wird aber die Abgrenzung der Corporate Social Responsibility (CSR) gegenüber des Corporate Citizenship (CC) diskutiert. Darüber hinaus sind auch die Auffassungen des CC in Europa in Relation zu den amerikanischen Definitionen des CC unterschiedlich. Bevor nun die Abgrenzung des CC zur CSR vorgenommen wird, soll das CC in seinen Bedeutungen erklärt werden.

Allgemein definiert steht die Bezeichnung des «Corporate Citizenship» für die gemeinnützigen Aktivitäten der Unternehmen und Organisationen.[127]

Schrader führt ein Drei-Ebenen-Modell des Corporate Citizenship ein, welches die verschiedenen Ausdifferenzierungen des CC erläutert. Die erste Ebene bezeichnet das CC im engeren Sinne als Schnittstelle zwischen Wirtschaft und Zivilgesellschaft, die v.a. unterschiedliche Formen der Unterstützung von zivilgesellschaftlichen Akteuren und Aktivitäten durch Unternehmen beschreibt. Dabei wird differenziert zwischen «Corporate Giving» und «Corporate Volunteering».[128]

Das **Corporate Giving** bezieht sich auf das gesamte Spendenwesen, einschliesslich der Sponsoringgelder. Hierzu gehören finanzielle und Sachmittel, aber auch das Know-how des Unternehmens.

Das **Corporate Volunteering** hingegen bedeutet jegliche Art von sozialer Arbeit, die von Mitarbeitern geleistet wird und vom Unternehmen durch Freistellung unterstützt wird. Bei Siemens und Ford werden bspw. den Mitarbeitern mehrere Tage im Jahr für Sozialarbeit eingeräumt und auch beim

IBM-Konzern haben die Mitarbeiter die Möglichkeit ein «Sabbatjahr» zu nehmen, damit sie sich längerfristig Projekten widmen können.[129]

Die zweite Ebene umfasst die Beziehungen zum Staat. Ebene eins und zwei beschreiben das CC im weiteren Sinn. Corporate Citizenship im weitesten Sinne umfasst auch die gesellschaftliche Verantwortung im Rahmen des Kerngeschäfts der Unternehmung als dritte Ebene des Modells.

Tab. 4 gibt einen Überblick über die unterschiedlichen Begriffsverständnisse des CC, die in der CSR- versus CC-Diskussion berücksichtigt werden müssen.

	Einordnung in das Drei-Ebenen-Modell	Synonyme	Zentrale deutsche Autoren
CC im engeren Sinne	Bürgerschaftliches Engagement an der Schnittstelle zur Zivilgesellschaft	Corporate Giving und Corporate Volunteering	Gerd Mutz (Munich Institute for Social Science), Holger Backhaus-Maul
CC im weiteren Sinne	Bürgerschaftliches Engagement an den Schnittstellen zu Zivilgesellschaft und Staat	Investition ins gesellschaftliche Umfeld und ordnungspolitische Mitverantwortung	André Habisch (Center for CC, Eichstätt)
CC im weitesten Sinne	Bürgerschaftliches Engagement an den Schnittstellen zu Zivilgesellschaft und Staat sowie im Kerngeschäft	Republikanische Unternehmensethik	Peter Ulrich (Institut für Wirtschaftsethik, St. Gallen)

Tab. 4: Das Drei-Ebenen-Modell des Corporate Citizenship in der Übersicht (in Anlehnung an Schrader (2003), S. 64)

Einige Autoren, wie Andriof und McIntosh[130] und Carroll[131], verwenden CSR und CC als synonyme Begriffe. Carroll bietet bspw. sein CSR-Konzept (siehe *Abb. 2*) in aktuelleren Aufsätzen unter «Corporate Citizenship» neu an, ohne allerdings die Beweggründe näher zu erklären. Andere be-

85

zeichnen CC als ein Konzept, dass sich von CSR unterscheidet, dem jedoch dieselben Motive zugrunde liegen. McIntosh et al.[132] beschreiben z.B. das CC als eine Weiterentwicklung der CSR, während Wood und Logsdon[133] vorschlagen, das Konzept der CSR durch das CC zu ersetzen. Sie definieren das CC wie folgt: *«Corporate Citizenship ist das gesamte über die eigentliche Geschäftstätigkeit hinausgehende Engagement des Unternehmens zur Lösung gesellschaftlicher Probleme. Es ist der Versuch, ein Unternehmen auf möglichst vielfältige Weise positiv mit dem Gemeinwesen zu verknüpfen, in dem es tätig ist. Das Unternehmen soll sich wie ein guter Bürger für die Gemeinschaft engagieren, es soll ein good corporate citizen sein.»*[134]

Das Verständnis von CSR als dem CC übergeordneten Konzept findet vor allem in der deutschen Diskussion regen Anklang. International wird hingegen CC eher als gleichrangig oder der CSR übergeordnet interpretiert. Wenn das CC nicht auf die Begriffe Corporate Giving und Corporate Volunteering beschränkt ist und in der dritten Ebene, wie von Schrader vorgeschlagen, die Zivilgesellschaft, der Staat und das Kerngeschäft mit eingeschlossen sind, wird eine Abgrenzung zwischen der CSR gemäß der CSR-Definition (siehe *Kapitel 4.2*) und CC im weitesten Sinne nach Schrader[135] äußerst schwierig.

In der vorliegenden Arbeit wird das Corporate Citizenship als ein der Corporate Social Responsibility übergeordnetes Konzept verstanden. Diese Schlussfolgerung ergibt sich aus mehreren Gründen:

Erstens schränkt eine enge Sicht des Corporate Citizenship, sprich ein CC, das sich auf das Corporate Giving und Corporate Volunteering reduziert, die Bürgeraufgabe ein, durch die das Corporate Citizenship eben gekennzeichnet ist. CC wird ins Deutsche übersetzt mit gesellschaftlichem

Engagement, bürgerschaftlicher Verantwortung, korporativem Bürgertum usw. Das Verständnis eines guten Bürgers in der Zivilgesellschaft umfasst mehr als Spenden und ehrenamtlichen Einsatz.

Zweitens kann das Corporate Citizenship als zugewiesene Rolle bezeichnet werden, die durch den Rückzug des Staates, durch die Liberalisierung und Deregulierung des Marktes als logische Konsequenz resultiert. Ein Bürger hat eine Rolle in der Gesellschaft, auch ein Unternehmen soll ein guter Bürger sein, der für sein Umfeld (gesellschaftlich, ökologisch) Verantwortung trägt, weil er eben ein Teil der Gesellschaft ist. Aus dieser Rolle des CC leitet sich die CSR ab. Das Unternehmen funktioniert durch die Wahrnehmung sozialer Verantwortung wie ein Corporate Citizen.

Drittens wirken sich nachhaltige soziale und ökologische Aktivitäten, die sich primär an interne Stakeholder (z.B. Mitarbeiter, Lieferanten usw.) richten, indirekt auf die Gesellschaft im Ganzen aus. Wenn bspw. Kinder von Mitarbeitern in der Ausbildung durch das Unternehmen unterstützt werden, kann hier nur schwer eine Grenze zwischen internen und externen Stakeholdern gezogen werden. Somit richtet sich das CC nicht ausschließlich an die externen Stakeholder und das Argument, dass sich CC-Aktivitäten nur auf externe Stakeholder beziehen ist damit widerlegt.

Viertens sollte nach Ulrich das CC mit zwei Leitfragen beginnen: Was ist eine sinnvolle Wertschöpfungsaufgabe für das Unternehmen und mit welchen Methoden will das Unternehmen seinen wirtschaftlichen Erfolg nicht erzielen? Er spricht dabei nicht nur von einem Modell, sondern er ist *«... überzeugt, dass das wohl verstandene Corporate Citizenship eine Unternehmensphilosophie der nahen Zukunft ist»*.[136] Die Unternehmensphilosophie beschreibt, warum die Unternehmung überhaupt existiert und nimmt durch die unternehmerische Vision, die Unternehmungspolitik und das Leitbild Gestalt an.[137] Dadurch wird deutlich, dass es sich bei der CC um ein übergeordnetes Konzept handelt.

Ähnlich der CSR handelt es sich beim CC bis dato um einen praxisgeprägten Ansatz, der noch nicht mit der Unternehmensstrategie verbunden ist. Ein theoretisch fundiertes Konzept des CC gibt es noch nicht, es lässt sich lediglich hinsichtlich seiner Motive beschreiben[138] und auch unterscheiden. Während die Vertreter des CC stärker die Profitabilität, sprich den «business case» des Engagements betonen, spricht z.B. Ulrich bei der CSR von moralischer Verantwortung, die auch auf den freiwilligen Charakter des CSR Konzeptes hinweist.[139]

Nachdem nun die CSR definiert und eine begriffliche Abgrenzung vorgenommen wurde, werden nun die behandelten Begriffe in den Gesamtkontext der CSR eingeordnet.

4.4 Positionierung der Corporate Social Responsibility im Gesamtkontext

In dieser Arbeit wird die CSR als eine Konsequenz des CC-Modells verstanden, das sich wiederum aus einem integrativen wirtschaftsethischen Ansatz (siehe *Kapitel 2.2*) ableitet.

Clutterbuck meint *«It is useless for a company to claim to be a good corporate citizen unless it is prepared to accept the need for total Corporate Social Responsibility»*[140] und deutet dabei auf die Umsetzung verschiedener nachhaltiger sozialer und ökologischer CSR-Aktivitäten hin um der CC-Rolle gerecht zu werden.

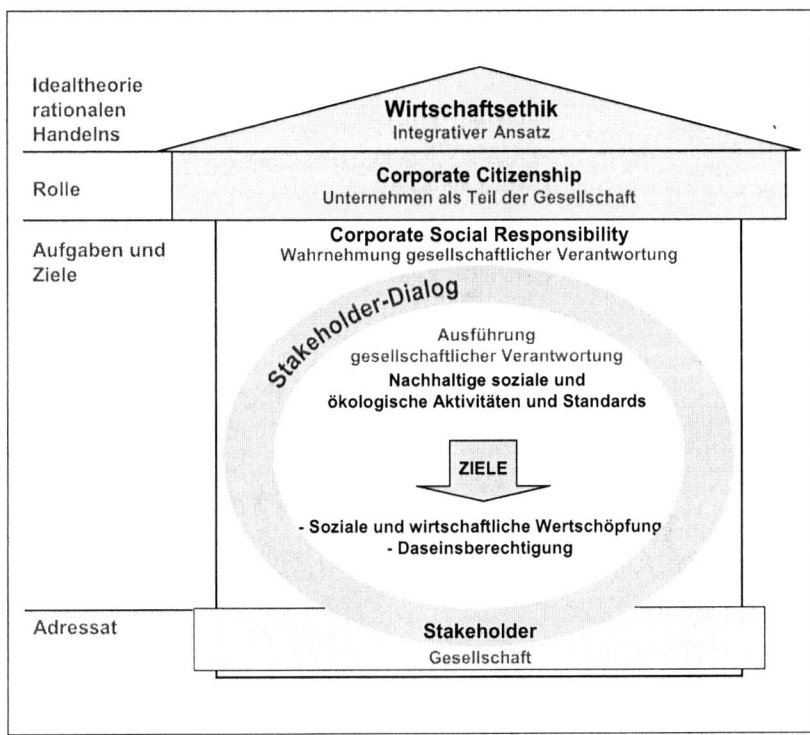

Abb. 4: Das CSR-Haus

Abb. 4 visualisiert diesen Gedankengang. Über die Qualität der Aktivitäten wird an dieser Stelle hinweggesehen. In der Literatur findet sich dennoch häufig die Bezeichnung «Good Corporate Citizenship»[141], was auf eine positive oder gelungene Ausführung sozialer und ökologischer Aktivitäten hinweisen soll.

5. CSR-Aktivitäten

«Was kann der Schöpfer lieber sehen, als ein freundliches Geschöpf?»
Gotthold Ephraim Lessing

5.1 Ausführungen wahrgenommener gesellschaftlicher Verantwortung

Dieses Kapitel widmet sich den verschiedenen CSR-Betätigungsfeldern. Das Spektrum an CSR-Aktivitäten reicht vom ökologischen Engagement

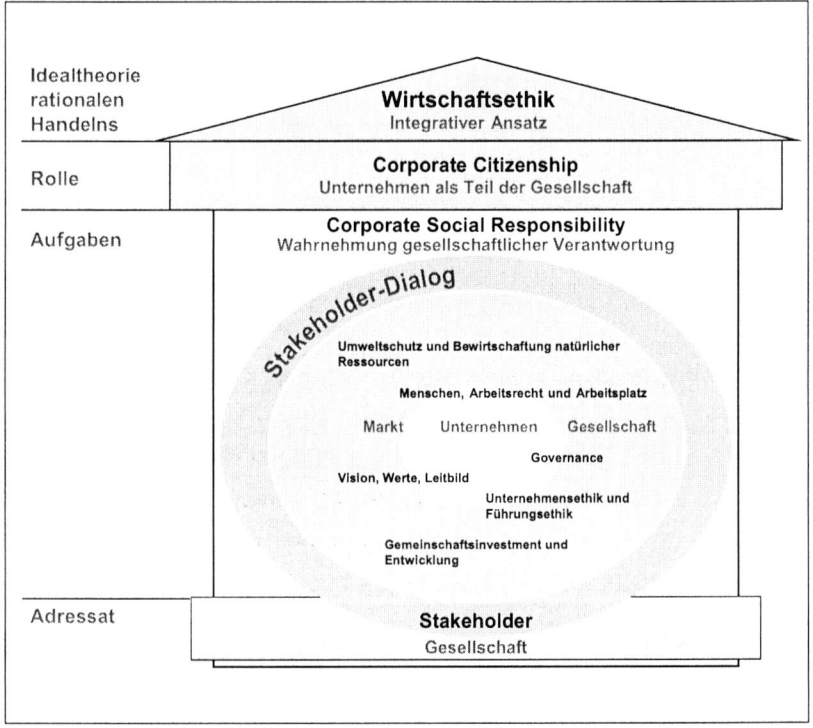

Abb. 5: *CSR-Betätigungsfelder*

über Investitionen in und für die Mitarbeiter bis hin zu Kultursponsoring-Aktivitäten und karitativen Entwicklungsprojekten. *Abb.* 5 teilt die möglichen CSR-Aktivitäten in verschiedene Gruppen ein.

5.2 CSR-Betätigungsfelder und Fallbeispiele

Im Folgenden werden diese CSR-Betätigungsfelder genauer erläutert und mit einem Fallbeispiel aus der unternehmerischen Praxis belegt. Da es sich bei der CSR um eine Fülle von Aktivitäten, Einstellungen, Grundhaltungen usw. dreht, handelt es sich bei nachfolgender Einteilung und Erklärung lediglich um eine Auswahl verschiedener Arten der Auseinandersetzung mit der sozialen Verantwortung von Unternehmen.

5.2.1 Menschen, Arbeitsrecht und Arbeitsplatz

Unter diese Gruppe fallen beispielsweise die Verhaltens- oder Ethikkodes («codes of conduct»), die das Verhalten der Führungskräfte und Mitarbeiter nach ethischen Grundsätzen nach innen und auch nach außen regeln sollen. Dabei kann es sich z.B. um Regelungen bzgl. Kinderarbeit und Gleichbehandlung im Unternehmen handeln. Auch die Installation von flexiblen Arbeitsmodellen, Umgang mit Entlassungen, Kinderbetreuungseinrichtungen, Fusionen und Schließungen, Rationalisierungsmaßnahmen, Gewerkschaften, Privatsphäre, Gesundheit und Sicherheit am Arbeitsplatz sind hier angesiedelt. Auch das «Work/Life-Balance»-Konzept, nachdem das Berufs- und Privatleben der Mitarbeiter und Führungskräfte möglichst ausgeglichen sein sollte, ist in dieser Gruppe von Bedeutung.

Fallbeispiel 1: Novo Nordisk

Novo Nordisk bekennt sich in seinem Nachhaltigkeitsprogramm zur Universalen Erklärung der Menschenrechte als Teil ihrer so-

zialen Verantwortung. Für das kommende Jahr werden vor allem zwei Schwerpunkte gesetzt: Einerseits das Recht auf Gesundheit und andererseits gleiche Chancen für alle Mitarbeiter sowie der Respekt vor Diversität. Novo Nordisk verfolgt die Einhaltung und Förderung von Menschenrechten u.a., weil das Unternehmen in vielen Ländern tätig ist, in denen Menschrechte unterdrückt werden. Novo Nordisk möchte daher auf positive Weise zur Verbesserung der Situation beitragen. Pro-aktive Strategien sollen dazu beitragen, dass Novo Nordisk als toleranter Arbeitgeber für alle Gruppen unabhängig von deren persönlichem Hintergrund und Herkunft attraktiv sein soll. «*Respecting, protecting, fulfilling and promoting Human Rights globally will contribute to a more sustainable world in social terms, thereby enhancing our TBL [‹triple bottom-line›] approach and increasing our potential markets.*»[142]

5.2.2 Umweltschutz und Bewirtschaftung natürlicher Ressourcen

Mit Themen wie Klimawandel, Energieverbrauch, erneuerbare Energie, Nachhaltigkeit, Ressourcenproduktivität usw. beschäftigt sich diese Gruppe. Umweltfreundliche Produkte und umweltfreundliche Produktionen sind nur ein paar Schlagworte, die in dieses breite Betätigungsfeld fallen. Umweltschutz und Ressourcenmanagement bezeichneten v.a. in den achtziger Jahren die Anfänge von unternehmerischer Verantwortung gegenüber der Umwelt respektive der Gesellschaft.

Fallbeispiel 2: Volkswagen
Volkswagen entwickelt, produziert und vertreibt weltweit Automobile und versucht dabei die Umweltverträglichkeit der Produkte kontinuierlich zu verbessern. Neben einer Verringerung der Beanspruchung der natürlichen Ressourcen werden bei Volkswagen

auch umwelteffiziente und fortschrittliche Technologien weltweit verfügbar gemacht und über den gesamten Lebenszyklus der Produkte angewendet. Das Unternehmen hat eine Präambel zur Umweltpolitik verfasst und verpflichtet sich dabei u.a. bei allen Aktivitäten die Einwirkungen auf die Umwelt so gering wie möglich zu halten und bei der Lösung von regionalen und globalen Umweltproblemen mitzuwirken. Volkswagen ist darüber hinaus seit 1993 ISO 14001 zertifiziert und bekennt sich zum Global Compact der Vereinten Nationen. Der ausführliche Umweltbericht sowie der Nachhaltigkeitsbericht, der gemäß den GRI-Richtlinien verfasst wird, gibt Aufschluss über die zahlreichen CSR-Aktivitäten, die Volkswagen im Umweltbereich unternimmt. *«Das Unternehmen trägt Verantwortung für die kontinuierliche Verbesserung der Umweltverträglichkeit seiner Produkte und Fertigungsstandorte sowie für die Verringerung der Beanspruchung der natürlichen Ressourcen.»*[143]

5.2.3 Gemeinschaftsinvestment und wirtschaftliche Entwicklung

Dieser Bereich kann in regionale Kategorien eingeteilt werden. Einerseits kann von einer globalen Perspektive ausgegangen werden, die Entwicklungsprojekte wie etwa Bildungs- und Beschäftigungsprojekte in verarmten Regionen einschließt und andererseits sind hier die lokalen Initiativen einzuordnen, die im Bereich geschützte Arbeitsplätze, Sozialsponsoring wie auch in der lokalen Armutsbekämpfung ausgestaltet werden können.

Fallbeispiel 3: SPAR Österreichische Warenhandels-AG
SPAR als der größte private österreichische Arbeitgeber und Lehrlingsausbilder, leistet als Anbieter von Fairtrade Produkten einen aktiven Beitrag für eine gerechtere Welt. Lokal unterstützt das

Handelsunternehmen gemeinsam mit Interspar zahlreiche soziale Projekte, wie die «Licht ins Dunkel»-Aktion, das «SOS-Kinder-
dorf» oder auch die «Rote-Nasen-Clowndoctors», um nur einige zu
nennen. Zudem wurde die TANN Dornbirn (SPAR Produktionsbe-
trieb) als «Behindertenfreundlichster Betrieb» Österreichs mit dem
«Job-Oskar 2003» ausgezeichnet.[144]

5.2.4 Corporate Governance

«Corporate Governance» umfasst die Regeln und Grundsätze in Bezug
auf Organisation und Verhalten, durch die ein Unternehmen geführt und
kontrolliert wird. Im Vordergrund stehen dabei die Beziehungen zwischen
Aufsichtsrat und seinen verschiedenen Anspruchsgruppen im Innen- und
Außenverhältnis.[145] Hier ist v.a. das Engagement mit dem öffentlichen
Sektor sowie mit den Aktionären zu erwähnen.

Fallbeispiel 4: Siemens AG
**Bei Siemens hat gute Corporate Governance hohe Priorität und
dient als Grundlage der Entscheidungs- und Kontrollprozesse.
Siemens hat ein Corporate Governance Modell entwickelt, welches aus verschiedenen Kontroll- und Risikomanagement-Ele-
menten besteht. Die Siemens-Kontrolleure führten in den letzten
Jahren strengere Verhaltensregeln für die Vorstände ein, sie installierten einen Prüfungsausschuss im Aufsichtsrat und sorgten
ausserdem dafür, dass sich Siemens klar zum Corporate-Gover-
nance-Kodex der Regierungskommission bekennt. Durch diese
Bemühungen verbesserte sich der deutsche Weltkonzern in der
Corporate-Governance-Rangliste der 50 grössten Börsenkonzer-
ne im Euro-Raum von Platz 25 auf Rang 8.[146]**

5.2.5 Vision, Werte, Leitbild

Vision, Werte und deren Ausformulierung in einem Leitbild sind strategische Richtungen und Grundhaltungen, die sich in jeder der beschriebenen Gruppen wieder finden. Gerade deshalb soll dieser imaginären übergeordneten Instanz an diesem Punkt Aufmerksamkeit geschenkt werden, da sich bereits hier die Ausführung von sozialer Verantwortung begründet.

Fallbeispiel 5: Das Leitbild von Canon
«Kyosei» bedeutet so viel wie «für das Gemeinwohl zusammen leben und arbeiten». Aus der Umsetzung dieser Unternehmensphilosophie in die Praxis ergeben sich drei Hauptziele: 1. Harmonie zwischen Mensch und Mensch: Die interne und externe Kommunikation des Unternehmens sowie die soziale Akzeptanz von Canon in der Gesellschaft. 2. Harmonie zwischen Mensch und Natur: Die umfassende und langfristig ausgerichtete Umweltorientierung von Canon. 3. Harmonie zwischen Mensch und Technik: Die anwenderfreundliche Produktgestaltung. Auf der Basis von Kyosei wird bei Canon seit 12 Jahren eine ökologisch und sozial nachhaltige Entwicklung des Unternehmens systematisch in die Tat umgesetzt.[147]

5.2.6 Unternehmensethik und Führungsethik

In dieser Gruppe ist speziell der Umgang mit schwierigen Entscheidungen in der täglichen Unternehmenspraxis angesiedelt. Dabei handelt es sich um faire Wettbewerbsmethoden und klare Positionen betreffend Korruption und Bestechung. Zertifizierungsmaßnahmen (siehe *Kapitel 3.1.6*) sowie das Durchführen von Ethik-Trainings sind hier ebenfalls zu erwähnen. Ethik im Marketing sowie der Umgang mit der Privatsphäre der Konsumenten (z.B. Datenschutz) sind nur ein paar Beispiele, die auf die vielen Betätigungsmöglichkeiten in dieser Gruppe hinweisen sollen.

Fallbeispiel 6: Benetton

Benetton startete 2003 gemeinsam mit dem «World Food Programme» der UNO die Kampagne «Food for life». In mehr als 30 Ländern wurden zwei Monate lang Bilder von unterernährten Menschen aus Afghanistan, Kambodscha, Sierra Leone und Guinea gezeigt. Das finanzielle Engagement belief sich auf rund 15 Millionen Euro. Das italienische Unternehmen Benetton wollte damit provozieren und auf menschliches Fehlverhalten und krasse Missstände aufmerksam machen. Schon in der Vergangenheit versuchte Benetton mit zahlreichen Werbekampagnen erfolgreich Aufmerksamkeit zu erregen und über die Werbung Werte zu transportieren.[148]

6. Zusammenfassung und Zwischenfazit (1)

«Nicht alles, was zählt, kann gezählt werden,
und nicht alles, was gezählt werden kann, zählt.»
Albert Einstein

Die soziale Verantwortung von Unternehmen lässt sich bis ins Mittelalter zurückverfolgen. In diesem Jahrhundert erlebt das Konzept unter dem Namen «Corporate Social Responsibility» eine Renaissance, denn immer mehr Unternehmen erkennen die Notwendigkeit nachhaltig zu handeln um auch den weiteren Generationen einen lebenswerten Globus zu hinterlassen. Der Handlungsbedarf bzgl. einer nachhaltigen CSR leitet sich einerseits aus den immer besser informierten und damit kritischeren Stakeholdern ab, die sich für die Herkunft und die Herstellungsverfahren der Produkte interessieren und andererseits aus den verschiedenen Trends (Rückzug des Staates, Druck durch Investoren, Ruf nach mehr Transparenz usw.), welche die Ausführung von CSR-Aktivitäten verlangen.

In einer veränderten Welt mit neuen komplexen sozialen und ökologischen Herausforderungen sind es die Unternehmen, die gefordert sind, nicht nur die Rolle des Bereitstellers von Produkten und Dienstleistungen einzunehmen, sondern auch eine gestalterische respektive institutionelle Rolle zu übernehmen. Die Unternehmen als «Corporate Citizens» sollen freiwillig nachhaltige soziale und ökologische Aktivitäten durchführen, die über das eigentliche betriebswirtschaftliche Handeln hinausgehen, um sich damit eine Daseinsberechtigung von der Gesellschaft zu verdienen.

Diese Daseinsberechtigung wird ein Unternehmen nur erhalten, wenn die Bekenntnisse und Absichtserklärungen ein entsprechendes konsistentes Verhalten nach sich ziehen. Nur dann kann die gezielte Umsetzung von

CSR einen wesentlichen Impuls für ein auf Authentizität setzendes Unternehmen am Markt sein, das sich wie ein guter Bürger verhält.

Die Wirtschaftsethik und eine Reihe von CSR-Initiativen geben einerseits Impulse zum breiten Spektrum der CSR-Betätigungsfelder und bieten andererseits die notwendigen Richtlinien und Instrumente zur erfolgreichen Wahrnehmung von effektiver CSR und prinzipgeleiteter Unternehmensführung.

«Wir müssen wählen zwischen einem
globalen Markt, der ausschliesslich durch das
Streben nach schnellem Gewinn bestimmt wird,
und einem Markt mit humanem Charakter.
Zwischen einer Welt, die ein Viertel der
Menschheit dem Hunger und Elend aussetzt, und
einer Welt, die jedem zumindest die Aussicht auf
Wohlstand in einer gesunden Umwelt bietet.
Zwischen uneingeschränkt selbstsüchtigem
Handeln, bei dem wir das Schicksal der Schwachen
ignorieren, und einer Zukunft, in der sich die
Starken und Erfolgreichen ihrer Verantwortung
stellen und globales Vorstellungsvermögen
und Führungsfähigkeit zeigen.
Die Unternehmen ihrerseits haben begriffen, dass
sie auf die wichtigen sozialen und umweltbezogenen
Entwicklungen und Herausforderungen, die unsere
Welt verändern, reagieren müssen, wenn sie in
einer komplexen und manchmal feindseligen
globalen Wirtschaft Erfolg haben wollen.»

Kofi A. Annan, Generalsekretär der Vereinten Nationen

7. Ziele der Strategischen Unternehmensführung

«Perfektion der Mittel und Konfusion der Ziele
kennzeichnen meiner Ansicht nach unsere Zeit.»
Albert Einstein

In der Definition der CSR im *ersten Abschnitt* findet sich als Ziel der nachhaltig sozialen und ökologischen Aktivitäten eines Unternehmens die Daseinsberechtigung, die ein Unternehmen von der Gesellschaft erhält. Was ist nun aber das Ziel der Strategischen Unternehmensführung? Wieder befinden wir uns an der Schnittstelle von ökonomischem Profit und sozialer Vernunft und eine philosophische Analyse über die Existenz von Unternehmen wäre notwendig um dieser Frage auf radikale Art zu begegnen. Wenn man allerdings eine unternehmerische Einheit betrachtet und auch verstehen will, dann sind sich die Betriebswirte einig, dass das Ziel des strategisch unternehmerischen Handelns die Wertschöpfung ist.

In diesem Kapitel werden Arten der Wertschöpfung in ihrem Verständnis aufgezeigt und die Widersprüche und Gemeinsamkeiten beschrieben sowie die Empfänger der geschaffenen Werte analysiert. Außerdem werden drei Thesen zur sozialen versus wirtschaftlichen Wertschöpfung diskutiert.

7.1 Wertschöpfung

Wertschöpfung wird als Prozess des Schaffens von Mehrwert durch Bearbeitung bezeichnet. Mehrwert lässt sich demzufolge als Resultat einer «Eigenleistung» verstehen, die eine Differenz zwischen dem Wert der Abgabeleistungen und der übernommenen Vorleistungen schafft. Dieser Mehrwert entsteht dadurch, dass im Rahmen der Bearbeitung bestimmte Fähigkeiten und Ressourcen des Unternehmens zum Einsatz kommen. Das Unternehmen kann als ein System untereinander vernetzter Wertschöpfungsprozesse betrachtet werden, die so angelegt sein sollten, dass am Ende die angestrebte Leistung erzielt wird.[149] Wenn der Saldo aus dem Ertrag der betrieblichen Leistung dem Wert der in der Leistungserstellung eingegangenen Vor- und Fremdleistungen positiv ist, wird von Wertschöpfung gesprochen, ist er negativ, von Wertvernichtung.[150] Damit ein Unternehmen überleben kann, muss es mindestens die Kosten des eingesetzten Kapitals verdienen. Alles darüber hinaus wird als Wertsteigerung bezeichnet.

Wunderer und Jaritz[151] schlagen vor, zwischen den unterschiedlichen Wertschöpfungsarten zu differenzieren und zwar aus mehreren Gründen. Obwohl die eben beschriebene Wertschöpfung quantitativ präzisierbar und finanziell messbar ist, können die Annahmen, die getätigt werden, zu einem verzerrten Ergebnis führen. Einerseits sind es die nicht definierten Messgrößen, die weder ertrags- noch aufwandswirksam sind, und andererseits die externen Effekte, die Folgekosten verursachen können. Diese Parameter bleiben in der beschriebenen Wertschöpfung unbestimmt oder werden nur indirekt berücksichtigt. *Tab. 5* zeigt, wie diese Größen ertrags- und aufwandswirksam legitimiert werden und damit Eingang in die Berechnung der Wertschöpfung finden.[152]

7.1.1 Arten der Wertschöpfung

Arten der Wertschöpfung	Verständnis
Volkswirtschaftliche Wertschöpfung	Wertschöpfung als Differenz zwischen Output und Input als Nutzen bzw. Leistungsmaßstab für die Gesellschaft
Anspruchsgruppenbezogene Wertschöpfung	Wertschöpfung als Differenz zwischen Output und Input als Nutzen bzw. Leistungsmaßstab für die Anspruchsgruppen des Unternehmens (v.a. Mitarbeiter, Kapitalgeber, Staat)
Prozessbezogene Wertschöpfung	Wertschöpfung als Wertbeitrag jeder betrieblichen Aktivität für das Betriebsergebnis durch geeigneten Ressourceneinsatz und Prozessgestaltung
Strategiebezogene Wertschöpfung	Wertschöpfung als Wertsteigerung für Investoren durch die Wahl einer geeigneten Strategie
Qualitätsbezogene Wertschöpfung	Wertschöpfung als Nutzen bzw. Leistungsmaßstab für die externen und auch internen Kunden durch Qualität
Dienstleistungsbezogene Wertschöpfung	Wertschöpfung als Nutzen der Leistungserbringung für die externen und internen Kunden durch eine optimale Leistungserstellung

Tab. 5: Wertschöpfungsarten (nach Wunderer/Jaritz (1999), S. 8, in: Müller-Stewens/Lechner (2001), S. 288)

Das Spektrum von Wertschöpfungsarten reicht von einer volkswirtschaftlichen bis hin zu einer dienstleistungsbezogenen Wertschöpfung, die unterschiedliche Empfänger erreicht. Auch Walton gibt mit den verschiedenen Verantwortungsmodellen Auskunft über die verschiedenen Wertschöpfungsarten und die begünstigten Stakeholder (*Abb. 6*).

7.1.2 Wirtschaftliche versus soziale Wertschöpfung

Nach Hinterhuber muss jede Unternehmung, die erfolgreich Ressourcen umwandelt, einen Gewinn erzielen um weiterhin Kapital anzuziehen. Außerdem fügt Hinterhuber hinzu: «*... will sie* [die Unternehmung] *überleben und sich entwickeln, muss sie aber gleichfalls attraktive Arbeitsplät-*

ze anbieten, nützliche Produkte und Dienstleistungen schaffen, die einem echten Bedarf entsprechen, ein guter Kunde sein sowie die Unterstützung der Gesellschaft als ‹good corporate citizen› verdienen.»[153]

Policy-bereiche	Dimen-sionen	Primäres Ziel		Primär Begünstigte		Erwar-tung	Verhaltensmodell	
Finanzen		1.	Profiterzielung	1.	Anteilseigner	Z	1.	Gewinnorientiertes
Industrie	Intern	2.	Ressourcennutzung	2.	Beschäftigte	w a n g	2.	Mitarbeiterorientiertes
Markt		3.	Umsatzvolumen	3.	Kunden		3.	Verbraucherorientiertes
Gesellschaft	extern	4.	Überleben	4.	Firma als Einheit	Frei-willig-keit	4.	Strategieorientiertes
		5.	Gesundheit/Wohlfahrt	5.	Öffentlichkeit		5.	Gesellschaftsorientiertes
		6.	Bildung/Kultur	6.	Kultureller Sektor		6.	Kunstorientiertes

Abb. 6: Wertschöpfungsarten und soziale Performance von Unternehmen (modifiziert nach Walton (1999), S. 186)

Andere Motivationen als die der Wertsteigerung werden bei Hinterhuber mehr als Bedingungen gesehen, die in jeder Entscheidung mit berücksichtigt werden müssen oder *«die anzunehmen im Prozess der Ermittlung der vorteilhaftesten produktiven Kombinationen zweckmäßig ist»*[154].

Demnach ist wirtschaftliche Wertschöpfung dann auch sozial wenn sie unter nachhaltig sozialen und ökologischen Bedingungen erzielt worden ist und Werte schafft für alle Stakeholder. Ob es sich dabei um einen Widerspruch handelt, lässt sich anhand eines Artikels im Harvard Business Manager (März 2003) diskutieren. Michael Porter stellt die Gretchenfrage, ob Unternehmen überhaupt soziale Werte schaffen sollen und lehnt sich dabei an Milton Friedmans berühmten Artikel in der «New York Times» aus dem Jahre 1970 an, in dem er schrieb, dass die einzige soziale Verantwortung der Wirtschaft darin bestehe, ihre Gewinne zu erhöhen.[155] Weiters schrieb Friedman in seinem Buch «Kapitalismus und Freiheit», dass das Unternehmen ein Instrument der Anteilseigner sei und er argumentiert, dass wenn eine Firma Geld spendet, sie ihre Eigentümer daran hindert, selbst zu entscheiden, wie sie ihre Mittel verwenden wollen.[155]

Porter stellt fest, dass Unternehmen, die nach dem Gießkannenprinzip spenden, keinen größeren Nutzen stiften als private Spender. Er postuliert ein gezieltes soziales Engagement mit einer strategischen Vorgangsweise bei der Wahrnehmung von sozialer Verantwortung und zwar dahingehend, dass mit den nachhaltig sozialen und ökologischen Aktivitäten das Wettbewerbsumfeld positiv beeinflusst werden kann und wirtschaftliche sowie soziale Wertschöpfung maximiert wird. In dieser Betrachtungsweise gibt es keine Dichotomie zwischen wirtschaftlichen und sozialen Zielen, sondern eine Verbesserung des Wettbewerbsumfeldes (Rahmenbedingungen), um dem Unternehmen zum langfristigen Erfolg zu verhelfen. Dieser strategische Ansatz wird von Wirtschaftsethikern unter die Lupe genommen und in seinen strategischen respektive instrumentellen Motiven kritisiert. Die verschiedenen Motivationen und Zugänge zur CSR werden im *neunten Kapitel* abgehandelt.

7.2 Drei Thesen zur Wertschöpfung

Ford, Rockefeller, Carnegie und moderne Milliardäre wie Bill Gates und George Soros sind Persönlichkeiten, die durch ihre Aufgaben wirtschaftliche Werte geschaffen haben und diese dann in gezielt philanthropischen und patriarchalischen Aktivitäten an Mitarbeiter und im weiteren Sinne an die Gesellschaft zurück gegeben haben. Natürlich nicht im Verhältnis 1:1, dennoch ist die Rekordsumme von 24 Milliarden Dollar, die Bill Gates, Microsoft Gründer, in diverse Stiftungen investiert hat, eine beträchtliche

Summe. Erst durch den ökonomischen Profit wurden soziale Motive realisiert. Daraus lässt sich die erste These ableiten: **Durch wirtschaftliche Wertschöpfung lässt sich soziale Wertschöpfung erzielen.**

Die durch Porter beschriebene strategische Wohltätigkeit, die durch eine Verbesserung des Wettbewerbsumfeldes, durch soziales Engagement zur wirtschaftlichen und sozialen Wertschöpfung führt, kann als Mittel zum Zweck der Wertsteigerung betrachtet werden, was genau genommen im Sinne Kants einen Verstoß gegen seine Handlungsmaxime darstellt. Die zweite These lautet daher: **Durch soziale Wertschöpfung wird wirtschaftliche Wertschöpfung erzielt.**

Nach Hinterhuber ist wirtschaftliche Wertschöpfung zwar das oberste Gebot eines Unternehmens, andere Motivationen [wie z.B. die Daseinsberechtigung] sollen als Bedingungen gesehen und berücksichtigt werden. Unter diesen Bedingungen sollen nachhaltig Werte geschaffen werden, die sich nicht nur auf die Anteilseigner (Shareholder) beschränken, sondern auch andere Anspruchsgruppen wie Mitarbeiter, Kunden, Lieferanten, verbündete Unternehmen sowie die Gesellschaft mit einbeziehen. Beispiele für die von der Unternehmung zu gewährleistenden Bedingungen finden sich in *Tab. 6*. Somit lässt sich These drei formulieren: **Wirtschaftliche Wertschöpfung ist soziale Wertschöpfung.**

Nasreddin Hoca, ein türkischer Volksweise, bringt diese Symbiose von wirtschaftlicher und sozialer Wertschöpfung im übertragenen Sinne in einem viel zitierten Satz zum Ausdruck: er meint, dass man in allen Lebensumständen stets danach streben soll, das Nützliche für die anderen mit dem Angenehmen für sich selbst zu verbinden.[157] Durch die Rollen des Unternehmens (Corporate Citizen, Networker, Systemgestalter und Dialogpartner) werden Rahmenbedingungen geschaffen, die einen verantwortungsvollen Umgang mit Ressourcen gewährleisten und damit unternehmerisches Handeln legitimieren.

Das «Werteschaffen» erinnert nach Ulrich an den normativen Gehalt des ökonomischen Begriffs der «Wertschöpfung», der meist bloß noch als eine quantitative Größe im marktwirtschaftlichen Systemzusammenhang

Stakeholder	Beispiele für die von der Unternehmung zu gewährleistenden Bedingungen
Mitarbeiter	Sinnvolle Aufgaben, Sicherheit des Arbeitsplatzes, Beschäftigungsfähigkeit, gerechtes Entgelt, Aufstiegsmöglichkeiten, Gewährung von Aus-, Weiter- und Fortbildung, Teilhabe an Gewinn und Kapital, Mitbestimmung, nichtmonetäre Gratifikation usw.
Kunden	Produktqualität, Systemlösungen, Lieferbedingungen, Kundendienst, akzessorische Leistungen, Güte der Dienstleistungen usw.
Lieferanten	Kontinuierliche, langfristige Absatzmärkte, sichere termingerechte Zahlungen, vernünftige Lieferzeiten, von den Anlagen erfüllbare Qualitätsstandards usw.
Verbündete Unternehmungen	Austausch von Informationen, Beteiligungen, gemeinsame Projekte, Joint Ventures usw.
Anteilseigner und «Financial Community»	Sicherheit und Angemessenheit der Dividende, eventuell Anteil an der Unternehmensführung, angemessene Rendite, Zinsen usw.
Gesellschaft	Umweltschutz, urbane Organisation, Angemessenheit der Steuerleistungen, sichere Güter- und Energieversorgung, Freistellung von Mitarbeitern für öffentliche Aufgaben, energie- und rohstoffsparende Maßnahmen, Beiträge zur Lösung gesellschaftlicher Probleme, Schaffung von Arbeitsplätzen usw.

Tab. 6: Die Bedingungen für den Austausch von Ressourcen zwischen der Unternehmung und der Umwelt (in Anlehnung an Hinterhuber (2004), S. 3)

verstanden wird. Um mit Ulrich zu sprechen, verrät dieser Begriff seine ethisch-qualitative Urbedeutung im menschlichen Lebenszusammenhang, nämlich die Frage nach dem «Wert» des Wirtschaftens für das gute Leben und das gerechte Zusammenleben der Menschen. Er leitet daraus zwei Elementarfragen einer lebensdienlichen Ökonomie ab, die an diesem Punkt von der Wertschöpfungsfrage auf das Stakeholder-Modell überleiten.[158]

Die Sinn- und Legitimitätsfrage

- Die **Sinnfrage**, die sich aus dem kulturellen Lebensentwurf ergibt: Welche Werte sollen wirtschaftend geschaffen werden?

- Die **Legitimitätsfrage**, die im Leitbild der wohlgeordneten Gesellschaft begründet ist: Für wen sind die Werte zu schaffen? Wie sind die komplex-arbeitsteilige gesellschaftliche Wertschöpfung einerseits («Nutzen») und der Werteverzicht andererseits («Kosten») auf alle Beteiligten und Betroffenen gerecht zu verteilen?[159]

Diese zwei Elementarfragen werden im nächsten Kapitel immer wieder im Zentrum der wissenschaftlichen Auseinandersetzung stehen.

8. Einordnung und Positionierung der CSR-Thematik in die Strategische Unternehmensführung

«Strategic management is not a box of tricks or a bundle of techniques.
It is analytical thinking and commitment of resources to action.
But quantification alone is not planning. Some of the most important
issues in strategic management cannot be quantified at all.»
Peter Drucker

Die Brücke zwischen Philosophie (ethische Vernunft) und Realität (ökonomische Rationalität) zu schlagen, wurde in der Literatur vielfach unternommen. Dabei ist festzustellen, dass im angelsächsischen Raum ein Theoriedefizit beklagt wird, der europäische Ansatz hingegen als zu unpragmatisch bezeichnet wird.[160] Schon allein die Bezeichnung der Ethik als praktische Philosophie sowie ethische Verhaltensmaximen (z.B. deontologische oder teleologische Ethik) deuten auf die Anwendbarkeit der Ethik im (Geschäfts-)Alltag hin. Im Folgenden soll die Strategische Unternehmensführung mit dem CSR-Gedanken verbunden werden und ein Stück als praktischer Ansatz zur ethisch-reflektierten Führung eines Unternehmens dienen. Dabei wird von folgenden Annahmen ausgegangen:

- die Unternehmung als **komplexes System** verfügt über **kognitive Strukturen**, über die sich Vorstellungen über die Umwelt aufbauen lassen (Stakeholder-Beziehungen). Dieses Konzept hat seine Wurzeln im Konstruktivismus, der besagt, dass die *«Wirklichkeit gesellschaftlich konstruiert ist»*. Wirklichkeit wird dabei als *«Qualität von Phänomenen»*[161] bezeichnet wonach man niemals eine genaue Kenntnis der Wirklichkeit erlangen kann.
- Die Unternehmung ist **allopoetisch** (fremdgemacht), d.h. sie kann nur bestehen, solange sie einen «Sinn» produziert, der von den

Stakeholdern auch nachgefragt wird.[162]

- Das Modell hat **normativen Charakter**, sprich es werden Sollansprüche definiert, die für eine verantwortungsvolle Unternehmensführung von Bedeutung sind.
- Die Unternehmensmitglieder werden als **integrale Entitäten** verstanden, d.h. es darf *«nicht nur auf die rationale Dimension abgezielt werden, sondern es müssen – frei nach J.H. Pestalozzi – Kopf und Herz angesprochen werden»*[163] um ein Unternehmen verantwortungsvoll zu führen.

Zuerst wird auf das Stakeholder-Modell eingegangen, welches die Basis für die Gesamtkonzeption der Strategischen Unternehmensführung nach Hinterhuber bildet. Es wird u.a. gefragt, mit welcher Legitimität ein Unternehmen den Stakeholdern begegnet und eine Reinterpretation des Modells vorgeschlagen. Anschließend wird die CSR Schritt für Schritt in die Gesamtkonzeption der Strategischen Unternehmensführung integriert und anhand praktischer Beispiele veranschaulicht, wie sich Eigennutzen und Gemeinwohl vereinen lassen.

8.1 Das Stakeholder-Modell

Der Zweck der Unternehmung ist das Schaffen von Werten. Die Struktur, die dafür zur Verfügung steht, aufgebaut oder ausgebaut werden muss, ist das Netzwerk vielfältiger Verknüpfungen mit den bereits vielfach erwähnten Stakeholdern, wie den Kunden, Mitarbeitern, Anteilseignern, der Gesellschaft im weitesten Sinne usw.[164]

Vermutungen zufolge tauchte das Wort «Stakeholder» erstmals beim Stanford Research Institut im Jahre 1963 auf. Später wurde der Begriff durch das 1984 erschienene Buch «Strategic Management – A Stakeholder Approach» zunehmend von dem Autor Robert Edward Freeman belegt. Seine Definition eines Stakeholders bezieht sich auf: *«... groups which can affect that direction [of a firm] and its implementation must be considered in the strategic management process»* und weiters *«a stakeholder in an organization is (by definition) any group or individual who can affect or is affected by the achievement of the organization's objectives»*[165]. Die Stakeholder-Theorie gibt es nach Freeman allerdings nicht, er meint «there is no such thing as a stakeholder theory»[166]. Er selbst spricht von Metaphern und «stories», die erst zu interpretieren sind.[167]

Freemans Ansatz ist machstrategischer Natur, durch den Zusatz des *«... or is affected»*[168] versucht er scheinbar eine ethische Entproblematisierung vorzunehmen, genauso mit einer Darstellung des strategisch legitimen Stakeholders: *«Stakeholder connotes legitimacy, and while managers may not think that certain groups are legitimate in the sense that their demands on the firm are inappropriate, they had better give legitimacy to these groups in terms of their ability to affect the direction of the firm.»*[169] Hier wird, um mit Ulrich zu sprechen, die *«ethische Kategorie ‹Legitimität› geradezu explizit auf die strategische Kategorie der Akzeptanz verkürzt»*[170].

Was alle Ansätze gemein haben, ist, dass nicht nur die Kapitaleigner sondern auch andere Gruppen Ansprüche haben und deshalb von Belang sind. Clarkson definiert «stake» als *«... something of value, some form of capital, human, physical, or financial, that is at risk, either voluntarily or involuntarily»*[171] und ist damit weitaus konkreter als Freeman, der Stakeholder als Gruppe oder Individuen bezeichnet, die durch das Handeln des Unternehmens betroffen sind bzw. sein können. Clarkson unterscheidet weiters auch zwischen primären und sekundären Stakeholdern und teilt damit die Stakeholder in eine Gruppe ein, die für das Überleben des Unternehmens relevant ist, und in eine, die durch das Handeln des Unternehmens beeinflusst wird, die allerdings für das Überleben des Unternehmens nicht notwendig ist.[172]

Donaldson und Preston zeigen verschiedene Zugänge zum Stakeholdermodell und identifizieren neben einem deskriptiv-empirischen und strategisch-instrumentellen auch einen normativen Ansatz. Waxenberger merkt dabei kritisch an, dass jedes Rationalitätskonzept normativen Charakter hat und einem Soll-Anspruch genügen muss und somit eine Unterscheidung zwischen strategisch und normativ nicht sinnvoll ist.

Wie im ersten Abschnitt der Arbeit erläutert, beschäftigt sich die instrumentelle Wirtschaftsethik mit einer Ethik, die darauf abzielt, Gewinne zu lukrieren. Ethik dient dabei als Maßnahmenprogramm, um unerwünschte Konsequenzen der Anspruchsgruppen zu minimieren bzw. positiv zu beeinflussen. Auch beim strategischen Stakeholdermodell steht primär der Nutzen im Mittelpunkt, der ein moralisches Verhalten nach sich zieht. Bei diesem Ansatz wird allein aufgrund des Machtpotenzials der jeweiligen Anspruchsgruppe, also der Stärke der Einflussnahme auf das Unternehmen, entschieden, wer als Stakeholder relevant ist und verstärkt Berücksichtigung finden sollte. Andere Ansätze gehen noch einen Schritt weiter und sprechen von so genannten «appropriate reciprocal duties». Zentrale Annahme dabei ist, dass die Stakeholder-Rechte durch die Wahrnehmung von Verantwortlichkeiten und Pflichten der Firma gegenüber erst verdient werden müssen. Ergo gehören nur jene Gruppen zu den Stakeholdern, die Aufgaben wahrnehmen, Leistungen erbringen oder auf Gegenmacht und Intervention verzichten.[173] Dies widerspricht völlig dem Legitimitätsanspruch unternehmerischen Handelns gegenüber dem Stakeholder und damit der integrativen Wirtschaftsethik. Für die Zwecke der Positionierung der CSR in die Strategische Unternehmensführung wird nun das strategische Stakeholder-Modell kritisch hinterfragt und reinterpretiert.

8.2 Reinterpretation des Stakeholder-Modells

Im strategischen Stakeholder-Modell wird geprüft, welche Gruppen Machtpotenziale haben und das Unternehmen mehr oder weniger beeinflussen können. Im normativen-kritischen (oder auch ethisch-normativen) Modell bei Ulrich geht es nicht um die Durchsetzbarkeit von Ansprüchen, sondern um die Legitimität der vorgebrachten Anliegen der Stakeholder. Aus wirtschaftsintegrativer Sicht lässt sich ein Stakeholder wie folgt definieren: *«Stakeholder ist, wer einen legitimen Anspruch gegen das Unternehmen vorbringen kann, unabhängig davon wie stark seine Verhandlungsposition ist.»*[174]

Ulrich unterscheidet auch hier, ähnlich wie bei Clarkson, zwei Gruppen von Stakeholdern: Zum einen gibt es die Vertragspartner, die unmittelbar vom unternehmerischen Handeln betroffen sind, und darüber hinaus wird prinzipiell jeder mündigen Person das Recht zuerkannt, die Unternehmung hinsichtlich der moralischen Berechtigung ihres Tuns kritisch «anzusprechen», Einwände gegen dieses zu erheben und eine öffentliche Begründung fraglicher unternehmerischer Handlungsweisen, die die Öffentlichkeit interessieren, zu verlangen.[175] Im Unterschied zu Clarkson rangiert hier nicht das Überleben des Unternehmens an erster Stelle, sondern die Legitimität respektive die Daseinsberechtigung, die ein Unternehmen von der Gesellschaft bekommen sollte. In diesem Verständnis spricht Ulrich von einem Stakeholder, der kein konkretes Gegenüber mehr ist, sondern *«eine regulative Idee, in deren Lichte kritisch zu prüfen ist, wer berechtigte Ansprüche gegenüber der Unternehmung erheben können soll (also nicht nur: wer wirkungsmächtige Ansprüche erheben kann).»*[176]

In späteren Aufsätzen korrigiert Freeman seine ursprüngliche Definition eines strategisch machtlosen und einflusslosen Stakeholders dahingehend, dass dem deontologisch-ethischen Aspekt zentrale Bedeutung zukommt: *«If our theory does not require an understanding of the rights of those parties affected by the corporation, then it will run afoul of our judgements about rights. (...) Property rights are not a license to ignore Kant's principle of respect for persons.»*[177] Freeman und Evan integrieren damit das deontologische Moment in die Führungsaufgabe und folgern, dass das Management die moralischen Rechte anderer im Rahmen seiner Massnahmen zur Existenz- und Erfolgssicherung der Unternehmung nicht verletzen darf.

Abb. 7 zeigt das Stakeholder-Modell in vereinfachter grafischer Darstellung. Das Unternehmen nimmt dabei den Platz in der Mitte ein und dient

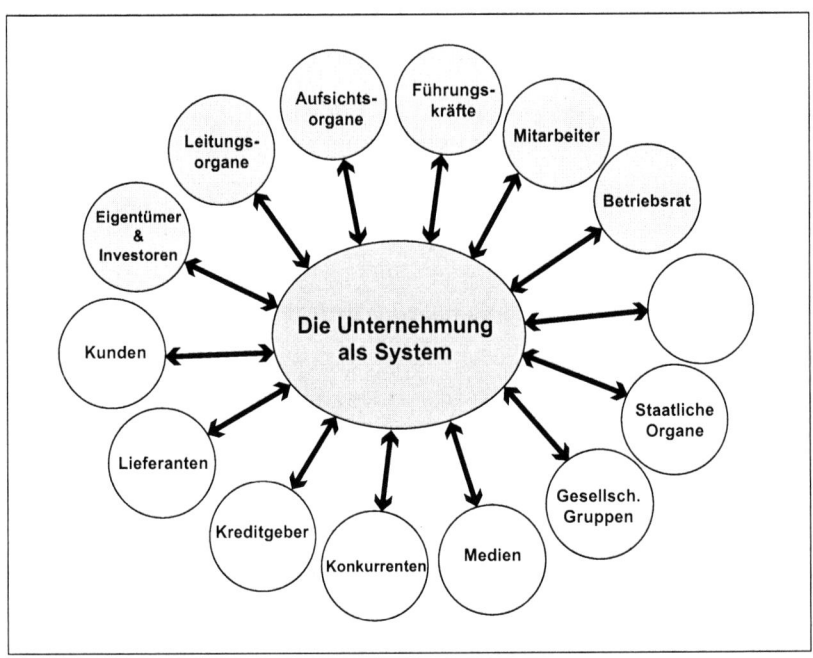

Abb. 7: *Ein Modell für Stakeholder-Beziehungen mit der Unternehmung als System (modifiziert nach Stahl (2003), S. 27)*

als Adressat für Stakeholder-Ansprüche.[178] Der leere Kreis soll die unbekannten Anspruchsgruppen symbolisieren, die in der Zukunft zu neuen Stakeholdern werden können. An diesem Punkt wird auf das «Issue Management» als Maßnahme zur Feststellung legitimer Ansprüche erinnert. (*Kapitel 4.2*).

Zusammenfassend lässt sich festhalten, dass nur dann, wenn alle legitimen Ansprüche der Stakeholder Berücksichtigung finden, oder anders formuliert, keine Anspruchsgruppe in ihren legitimen Ansprüchen übergangen wurde, im Sinne der integrativen Wirtschaftsethik ethisch gehandelt wurde. Folglich wird diese Idee dem «Good Corporate Citizenship»-Modell gerecht.

Obwohl alle Stakeholdergruppen mit rechtmäßigen Ansprüchen in diesem Ansatz Berücksichtigung finden, ist es sinnvoll einige Haupt-Stakeholder zu identifizieren, um intensivere Beziehungen zu pflegen und Vertrauen aufzubauen, zu halten und zu pflegen. Um mit Waxenberger zu sprechen, ist diese Auswahl allerdings ethisch höchst problematisch. Die Auswahlkriterien sollen wohlüberlegt sein und [in der Öffentlichkeit] sehr gut argumentierbar sein. Er nennt drei Bereiche (keine Rangordnung!), aus denen Haupt-Stakeholder rekrutiert werden können:

1. Anspruchsgruppen, die vom Unternehmen besonders negativ betroffen sind, dürfen auf keinen Fall übergangen werden (unerlässliche Pflichten). Dazu zählen bspw. Mitarbeiter, An- und Einwohner usw.
2. Anspruchsgruppen, für deren Anliegen sich das Unternehmen besonders interessiert (verdienstliche Pflichten). Dazu zählen bspw. Umweltschutzorganisationen, Jugendeinrichtungen usw.
3. Unternehmer haben berechtigte Eigeninteressen. Insofern sind einflussmächtige Stakeholder wie z.B. Anteilseigner (Shareholder)

zu den Hauptanspruchsgruppen zu zählen, wobei diese Ansprüche nicht a priori höher stehen als andere legitime Ansprüche (vielleicht von weniger einflussreichen Gruppen).

Mit diesen Ausführungen als Hintergrund wird im nächsten Teil die Wahrnehmung sozialer Verantwortung in die Gesamtkonzeption der Strategischen Unternehmensführung nach Hinterhuber integriert. Damit soll nicht nur ein System der Unternehmensführung kritisch reflektiert werden, sondern auch eine Richtschnur geboten werden, die durch ihren pragmatischen Charakter Ideen zur Umsetzung in der Praxis liefern kann.

8.3 Gesamtkonzeption der Strategischen Unternehmensführung nach Hinterhuber

Bessere Produkte und Dienstleistungen als die Konkurrenz herzustellen und anzubieten, genügt nicht um erfolgreich Ressourcen in Produkte zu transformieren. Alle Elemente der Führung, die Organisation und die Mitarbeiterentwicklung, die Unternehmenskultur, die Strategien, die Unternehmenspolitik usw. müssen aufeinander abgestimmt sein.

Nach Hinterhuber kann sich die Kombination dieser Regelkreise je nach Problem und Situation verschieben, die Unternehmensleitung muss sie jedoch alle verstehen und nach Maßgabe der Interessen und Ziele der Stakeholder gestalten.[180] *Abb. 8* veranschaulicht die Elemente der Strategischen Unternehmensführung in der Gesamtkonzeption.

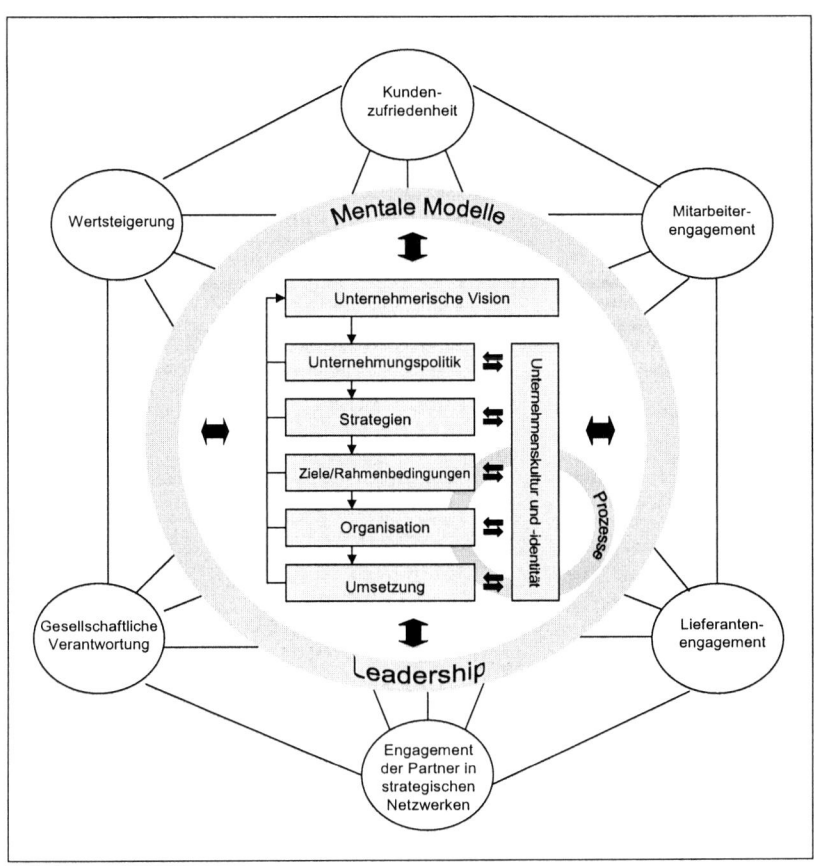

Abb. 8: Das Gesamtsystem der Strategischen Unternehmensführung (in Anlehnung an Hinterhuber (2004), S. 40)

Im Folgenden werden nun die Elemente beschrieben, die eine Brücke zur sozialen Verantwortung schlagen können. Das Augenmerk wird dabei bewusst auf Leadership und die mentalen Modelle, auf die unternehmerische Vision, die Unternehmenspolitik und die Strategie gelegt. Zusätzlich werden die Ausführungen für ein besseres Verständnis mit Fallbeispielen aus der Praxis untermauert.

8.3.1 Leadership und mentale Modelle der Führenden

Die klassische Strategieforschung, die u.a. durch Michael E. Porter vertreten wird, geht davon aus, dass die Attraktivität des Wettbewerbsumfeldes anhand der Einwirkung verschiedener Kräfte gemessen wird. Diese betreffen das Verhalten der Mitbewerber, die Verhandlungsstärke der Lieferanten und Abnehmer, die Anzahl von neuen Markteintritten sowie die Existenz von Substitutionsprodukten.[181] Die Empirie hingegen zeigt, dass attraktive Märkte allein noch kein Garant für langfristige und nachhaltige Wertsteigerung sind, denn erfolgreiche wie erfolglose Unternehmen sind in attraktiven Branchen zu finden. Wo liegt somit der entscheidende und erfolgsversprechende Unterschied?

Nach Hinterhuber werden der Erfolg oder Misserfolg eines Unternehmens durch das Leadership-Verhalten und durch die Qualität der mentalen Modelle der Führenden entschieden. Humanen Ressourcen wird in diesem Ansatz zur Erklärung der Performance einer Unternehmung verstärkt Bedeutung zugesprochen.

Im Gesamtmodell nimmt die **Leadership** eine zentrale Rolle im strategischen Führungsprozess eines Unternehmens ein. Um ein Unternehmen erfolgreich zu führen, braucht es mehr als nur Management. *«Leadership bedeutet unternehmerisch zu denken und handeln, neue Möglichkeiten zu erschließen sowie auf andere Menschen einzuwirken, sie zu inspirieren und in die Lage zu versetzen, sich begeistert für Ziele und Veränderungen zu engagieren, die im gemeinsamen Interesse sind.»*[182] In diesem Zusammenhang wird auch von den stoischen Grundlagen zur praktischen Lebensführung gesprochen. Die Grundlage der Stoiker[183] stellt, um wiederum mit Hinterhuber zu sprechen, die beste Orientierung für die praktische Lebensführung von Unternehmern und Führungskräften dar.

Drei Führungsprinzipien lassen sich von den Stoikern ableiten:

- Halte deine Vorstellungen unter Kontrolle, gebrauche sie vernunftgemäß und achte auf die Urteile, durch die du den Dingen subjektiv Wert beilegst oder nicht;
- Strebe nach dem, was in deiner Macht steht und akzeptiere die Dinge, die nicht in deiner Macht stehen;
- Handle gerecht, das heißt, verbinde das, was gut für die anderen ist, mit dem, was gut für dich ist.

Nach Peter Senge ist ein **mentales Modell** eine Gesamtheit aus tief verwurzelten Annahmen, Generalisierungen oder Bildern, die beeinflussen, wie wir die Welt verstehen und welche Maßnahmen wir ergreifen. Diese mentalen Modelle bestimmen nicht nur, wie wir die Welt interpretieren, sondern auch, wie wir handeln. Einerseits helfen sie den Führenden Dinge zu deuten und dienen als Richtschnur für Entscheidungen, andererseits engen sie auch ein. Der Erfolg einer Führungskraft hängt von der kontinuierlichen Verbesserung der mentalen Modelle ab.[185]

Leadership leben und mentale Modelle verbessern

Für eine verantwortungsvolle Unternehmensführung muss Leadership gelebt werden und mentale Modelle müssen so konstruiert werden, dass sie sich ethisch-normativen Erkenntnissen unterordnen lassen respektive für kontinuierliche Verbesserungen offen und transparent sind. Konkret geht es dabei um die Bereitschaft der Unternehmensleitung und oberen Führungspersonen, sich im unternehmerischen Handeln an ethischen Grundsätzen zu orientieren. Wieland bringt diese Erkenntnis auf den Punkt und erwähnt als *«fundamentalste und unumstrittenste Lehre der amerikanischen Business-Ethics Bewegung»*, dass es *«ohne ‹moral leadership› der*

Unternehmensspitze ... keine erfolgreiche Unternehmensethik»[186] gibt. Der «moralischen leadership» muss es also gelingen, alle Mitarbeiter für einen integrativen und ethisch reflektierten Unternehmenszweck zu gewinnen und sie zur gemeinsamen Umsetzung dieser sozialen und ökologisch verantwortlichen Ausrichtung motivieren. Folglich engagieren sie sich begeistert für Ziele und Veränderungen, die im gemeinsamen Interesse sind.

Leadership ist ethische Reflexion und hängt somit auch vom «guten Willen» der einzelnen Akteure ab. Dieser gute Wille ist die Archillessehne jeder sozialen Verantwortung in der Unternehmensführung. Erst dann, wenn alle Mitarbeiter, von der Unternehmensleitung ethische Werte vorgelebt bekommen, kann Ethik und somit echte soziale Verantwortung im unternehmerischen Handeln zur Geltung kommen.

Fallbeispiel 7:

Die Zertifizierungsgesellschaft SGS ICS fragt im Rahmen der SA 8000 Initiative (*Kapitel 3*), ob das Management den Willen zeigt, Gesetze und Vorschriften einzuhalten und ob das Management die Verpflichtung gegenüber seinen sozial-ethischen Festlegungen und Normanforderungen erkennen lässt.[187]

8.3.2 Unternehmerische Vision

Die Grundfunktion jeder Unternehmung, die sie von anderen gesellschaftlichen Organisationstypen unterscheidet, ist und bleibt die Herstellung von entgeltlichen Produkten und Dienstleistungen für den Markt. Doch welche Werte sollen für eine lebensdienliche Ökonomie geschaffen werden? Hierzu bedarf es anderer Bedingungen. Die unternehmerische Tätigkeit beginnt *«mit der sinngebenden Orientierung der unternehmerischen Tätigkeit an einer ‹Vision› der lebenspraktischen Werte, die geschaffen werden sollen, seien es solche auf der Ebene der menschlichen Lebensgrundlagen oder solche auf der Ebene der Erweiterung der menschlichen Lebensfülle»*[188]. Dabei könnte es sich zum Beispiel um einen Beitrag zur Verbesserung der privaten Lebensqualität der Abnehmer von Konsumgütern oder Dienstleistungen oder auch um die bessere Erfüllung einer grundlegenden gesellschaftlichen Aufgabe gehen (z.B. der Ernährung, Wohnraum-Bereitstellung, Bildung), wie es Ulrich vorschlägt.

Die Vision ist das Bewusstwerden eines Wunschtraumes einer Änderung und wird in zwei Dimensionen konkretisiert:

Materielle Dimension	Spirituelle Dimension
Welches Bedürfnis der Gesellschaft soll die Unternehmung erfüllen?	Was soll die Unternehmung tun, um die Welt etwas besser zu machen als sie sie vorgefunden hat?
▸ Wertsteigerung der Unternehmung	▸ Beitrag zum Allgemeinwohl

Tab. 7: Die beiden Dimensionen der unternehmerischen Vision (nach Hinterhuber 2004a, S. 74)

Visionen in der Praxis

Die Fast-Food-Restaurant-Kette McDonalds gilt als Negativbeispiel einer richtig verstandenen Vision, die hauptsächlich den Profit in ihrer Wertschöpfungsaufgabe betont: *«Mc-Donald's vision is to dominate the global food service industry. Global performance means setting the performance standard for the customer satisfaction while increasing market share and profitability through Convenience, Value and Execution Strategies.»*[189] Andere Beispiele lassen auf die spirituelle Dimension in Unternehmensvisionen hindeuten. Im Management Guide von Merck und Company orientiert sich das Unternehmen an der Verbesserung der Lebensqualität: *«We are in the business of persevering and improving human life. All of our actions must be measured by our success in achieving this goal.»*[190] Auch der Pharmakonzern Johnson & Johnson schreibt in seinem «Credo»: *«We believe our first responsibility is to the doctors, nurses and patients, to mothers and fathers and all others who use our products and services.»*[191] Erst nachdem an zweiter Stelle von Mitarbeitern und dann von den Gemeinden sowie von der «world community» gesprochen wird, werden die Anteilseigner erwähnt.[192] Das Unternehmen Omicron Electronics definiert seine Vision *«we want to change the world for better»*[193] losgelöst vom Kerngeschäft und zielt damit gänzlich auf die spirituelle Dimension ab.

Aaker erweitert die beiden Dimensionen «core purpose» [materielle Dimension] und «core values» [spirituelle Dimension] mit BHAGs, was für «big, hairy, audacious goals» steht, sprich eine Ausrichtung auf große, außergewöhnliche Ziele, die eine klare und zwingende Aspiration und Herausforderung für die Mitarbeiter darstellen.[194] Diese Ziele müssen vier Anforderungen genügen:[195]

- sie müssen unmittelbarer Ausdruck der innersten Werte und Überzeugungen der Führungskraft sein
- Führungskräfte müssen mit persönlichem Einsatz beweisen, dass sie an die Ziele glauben; das Erreichen der Ziele muss ihr persönliches Anliegen sein (siehe Leadership in *Kapitel 8.3.1*)
- jede Gelegenheit zur Kommunikation und Verstärkung der Ziele nutzen (Controlling, Personalmanagement)
- die Ziele müssen mit der Vision kohärent sein

Ein Unternehmen, das sozial verantwortlich handelt, setzt eine unternehmerische Vision voraus, die eine Richtung angibt und Sinn vermittelt, gleichsam Herz und Verstand anspricht, symbolischen und erzieherischen Charakter besitzt und die Energien der Führungskräfte und Mitarbeiter freisetzt.[196] Für Rüegg-Stürm, Gomez und Magyar sollten Visionen außerdem folgende Funktionen erfüllen:[197]

- Fokussierung (auf bestimmte Spitzenleistungen) in Beziehung der Unternehmung zum Wettbewerbsumfeld
- Legitimationsfunktion in Beziehung der Unternehmung zur Gesellschaft
- Identifikations- und Motivationsfunktion der Unternehmung in Beziehung zu ihren Mitarbeitern
- Sinnvermittlung und Faszinationskraft
- «Brandstiftung» und Begeisterung
- Impulsgebung und «Trendsetting»
- Identifikations- und Erinnerungsfähigkeit
- Kreativitäts- und Innovationsförderung
- Lokomotionswirkung, Integration
- Kompass- und Leuchtturmfunktion
- Vorsprungproduktion, Macht- und Existenzsicherung

Fredmund Malik bemängelt *«das Fehlen der Unterscheidung von guten und schlechten Visionen»* und weist darauf hin *«... in der gesamten umfangreichen Visions-Literatur findet sich kein einziger Hinweis darauf, wie man das eine vom anderen unterscheidet, wie man eine tragfähige Vorstellung von Unfug trennt, worin der Unterschied zwischen Hirngespinsten und brauchbaren Ideen liegen könnte»*[198]. Malik schlägt sogar vor das Wort Vision im Unternehmen nicht mehr zu verwenden, da es in der Vergangenheit v.a. in den Börsenboom Jahren zu viel versprechenden Visionen kam, die rasch zu Illusionen wurden. *«Vorstellungskraft und kühne Ideen sind durchaus Elemente guter Führung. Es muss aber klar zwischen*

guten und schlechten, brauchbaren und unbrauchbaren Ideen unterschie-
den werden. Die Exzesse der letzten Jahre sollten Beispiel genug sein.»[199]

Visionsfindung ist vielleicht für jeden Menschen mit mehr oder weniger Tiefe möglich. Schon Immanuel Kant hat darauf hingewiesen, dass es eben nicht nötig sei, dass sich ein jeder mit philosophischen Fragen befasse. Gerade eine Vision des grossen Zusammenhangs, die sich sowohl mit der materiellen als auch mit der spirituellen Dimension befasst und den Menschen reale Bedürfnisse erfüllt, ist rar. Hinterhuber schlägt deshalb vor, anstelle des Visionsbegriffs den Begriff Kernauftrag zu benützen, der einfacher zu formulieren ist, der sich verstärkt an den Kunden richtet und das Ziel hat, den Kunden noch erfolgreicher zu machen. Je nach Stakeholder-Ansprüchen ist es auch denkbar, verschiedene Kernaufträge zu formulieren. Um die Spreu vom Weizen zu trennen und die Visionsqualität zu messen, wird vorgeschlagen, die massgeblichen Leute auf allen Verantwortungsebenen und Funktionsbereichen so zu koordinieren und ein geeignetes Gesprächsklima zu schaffen, damit sie ihre Einfälle frei zur Diskussion stellen können, und die Vision einem grösseren Kreis darzulegen, damit sich die Einfälle kritisch prüfen lassen.[200]

Ist eine Vision entsprechend den beschriebenen Anforderungen formuliert und nach innen kommuniziert sowie nach aussen transportiert, gilt es auf allen Verantwortungsebenen und Funktionsbereichen die Kräfte zu bündeln um diesen Wunschtraum authentisch zu leben. Wenn Visionen und Leitbilder zu Werbezwecken zum Einsatz kommen um ein Unternehmen als sozial engagiert darzustellen, es jedoch keine Kohärenz zwischen Vision und Zielen sowie täglicher Arbeitspraxis gibt, bleibt letztlich nichts anderes übrig als leere Versprechungen, Illusionen und «Leidbilder».

Fallbeispiel 8:

«Henkel - a brand like a friend» – mit diesem Leitspruch lebt Henkel seine Vision. Soziales Engagement hat bei Henkel eine über hundertjährige Geschichte und ist fest in der Unternehmenskultur verankert. Henkel fördert zahlreiche Kinderprojekte ihrer Mitarbeiter in aller Welt. Durch die Verleihung eines Preises (ART-Award) für Kunstprojekte in Mittel- und Osteuropa, Sport- und Kulturförderungen zeichnet sich Henkel als Unternehmen mit «Corporate Citizenship»-Qualitäten aus. Besonders hervorzuheben ist die MIT (Mitarbeiter im Team)-Initiative, die 1998 von Henkel ins Leben gerufen wurde. Henkel fördert dabei Projekte, die von Mitarbeitern und Pensionisten ehrenamtlich in deren Freizeit betreut werden und die von sozialem, gemeinschaftlichem oder öffentlichem Interesse sind. Die Förderungen können aus Geld, Sachspenden oder in Einzelfällen aus der Freistellung von der Arbeit bestehen. In all diesen nachhaltigen Aktivitäten materialisiert sich die Vision des Unternehmens: Henkel will das Leben der Menschen leichter, besser und schöner machen.[201]

8.3.3 Unternehmungspolitik

Ein Unternehmen schließt aus ideologischen Gründen eine Allianz mit einem Unternehmen aus, das sich der Herstellung und Vermarktung von Tabakwaren verschrieben hat. Der Schweizer Lebensmittelkonzern Migros lehnt kategorisch den Handel mit Alkohol und Zigaretten ab und ein Prozent des Umsatzes im Großhandel kommt kulturellen und sozialen Projekten zugute. *«Wir müssen wachsender eigener materieller Macht stets noch größere soziale und kulturelle Leistungen zur Seite stellen»*[202], schrieb der Gründer Gottlieb Duttweiler in die Statuten der Mirgros-Genossenschaft. Für IKEA ist es entscheidend, dass das Holz zur weiteren Verarbeitung aus verantwortungsvoll bewirtschafteten Wäldern stammt (IKEA Standardzertifizierung[203]). Dies sind Grundsätze einer Unternehmenspolitik, die die Wertehaltungen von Unternehmen widerspiegeln. *«Die Unternehmenspolitik ist eine Gesamtheit von Unternehmungsgrundsätzen oder Leitmaximen, die zum Teil in einem Leitbild festgehalten, zum Teil auch mündlich weitergegeben werden und die Zufriedenstellung aller Stakeholder betreffen.»*[204] Diese Grundsätze regeln das Verhalten innerhalb der Unternehmung und sind Ausdruck der ethischen, moralischen und psychologischen Wertehaltungen der Führungskräfte.[205] Es geht aber auch um die Harmonisierung der internen Ziele mit den externen Interessen: *«Die Unternehmenspolitik, der die prinzipielle Aufgabe zufällt, eine Harmonisierung externer, zweckbestimmender Interessen an der Unternehmung und intern verfolgter Ziele vorzunehmen, um einen ‹fit› – ein im Zeitablauf sich veränderndes ‹Fließgleichgewicht› – zwischen Um- und Inwelt einer Unternehmung zu erreichen, das langfristig die Autonomie des Systemes gewährleistet.»*[206] Nach Auffassung von Knut Bleicher wird die Unternehmenspolitik getragen von jeweils einem harten Gestaltungsaspekt in Form der Unternehmensverfassung und einem weichen Gestaltungsaspekt in Form der Unternehmenskultur, auf die im weiteren Verlauf der Arbeit eingegangen wird.

Bei der Unternehmenspolitik darf es sich, um wiederum mit Hinterhuber zu sprechen, nicht um ein *«starres System von Unternehmensgrundsätzen handeln, sie muss zu einer Denkmethode werden, mit deren Hilfe man unternehmensexterne und -interne Entwicklungen der Mitarbeiter ordnen und entsprechend die Strategie festlegen und überprüfen kann»*[207].

Kritische Prüffragen auf dem Weg zur Unternehmenspolitik

Die Unternehmensgrundsätze betreffen die Bereiche und Inhalte wie in *Tab. 8* dargestellt. Diese Bereiche sollen kritischen Fragen unterzogen werden um die «CSR-Tauglichkeit» zu prüfen.

Bereich	Inhalte	Kritische Prüffragen
Zweck des Unternehmens	Tätigkeitsbereiche, Beweggründe	In welchen Märkten, Branchen und/oder mit welchen Kunden kommt eine unternehmerische Tätigkeit nicht in Frage? Was ist der Sinn des Unternehmens? Warum existiert das Unternehmen? Welche relevanten sozialen und ökologischen Probleme löst das Unternehmen? Was tragen wir als „Corporate Citizens" zur nachhaltigen Verbesserung der Welt bei?
Stakeholder	Definition von Verantwortlichkeiten	Welches sind die legitimen Ansprüche der gegenwärtigen und potenziellen Stakeholder? **Mitarbeiter:** Bietet das Unternehmen sinnvolle Arbeitsplätze an? Sind die Arbeitsplätze menschenwürdig und sicher?
		Beförderung? Wird die Arbeit gerecht entlohnt? Werden Aus-, Weiter- und Fortbildungsprogramme gefördert? Wird Mitbestimmung gefördert? Werden die Mitarbeiter ausreichend mit Informationen über das Unternehmen und dessen Aktivitäten versorgt und zum Dialog aufgefordert? Passt sich das Unternehmen an die neuen Gesellschaftsstrukturen an, indem z.B. Kindergärten im Unternehmen eingerichtet werden und es Möglichkeiten zur Arbeitszeitreduktion sowie flexible Arbeitszeiten gibt? **Kunden:** Bietet das Unternehmen die versprochene Produktqualität an? Wird der Kundennutzen maximiert? Werden Systemlösungen angeboten? Sind die Lieferbedingungen gerechtfertigt? Werden die Kunden mit einem Kundendienst weiter betreut? Sind die Produkte und Dienstleistungen von guter Qualität? Werden die Produkte fair vermarktet? **Verbündete Unternehmungen:** Werden alle relevanten Informationen ausgetauscht? Gibt es laufend gemeinsame Projekte und Joint Ventures? usw. **Anteilseigner/Financial Community:** Sind Dividenden, Zinsen und Renditen sicher und angemessen? Sind die Verhältnisse klar für eine saubere „Corporate Governance"? Werden Revisionsgesellschaften periodisch gewechselt? Sind die Beziehungen zu Mehrheitsaktionären offen gelegt? Wird ausreichend Öffentlichkeitsarbeit/externe Berichterstattung betrieben?

		Lieferanten: Bietet das Unternehmen kontinuierliche, langfristige Absatzmärkte? Gibt es sichere termingerechte Zahlungen und vernünftige Lieferzeiten? Sind die Verhandlungen fair in beiderseitigem Interesse geführt? Können die Qualitätsstandards erfüllt werden?
		Gesellschaft: Betreibt das Unternehmen aktiven Umweltschutz? Werden die Produkte und Dienstleistungen mit nachhaltiger sozialer (ökologischer) und wirtschaftlicher Wertschöpfung erzielt? Sind die Steuerleistungen angemessen? Wird die Gesellschaft mit sicheren Gütern versorgt? Werden Mitarbeiter für öffentliche Aufgaben freigestellt? Wird mit energie- und rohstoffsparenden Maßnahmen produziert? Leistet das Unternehmen einen Beitrag zur Lösung gesellschaftlicher Probleme? Schafft das Unternehmen Arbeitsplätze?
Portfolio-Management	Formulierung von Strategien	Ist das Unternehmen nachhaltig erfolgreich? Sind die Überschüsse so reinvestiert, dass alle legitimen Ansprüche der gegenwärtigen und potenziellen Stakeholder Berücksichtigung finden?
Strategische Allianzen	Partnerschaft	Mit welchen Partnerunternehmen und/oder Netzwerken kommt eine unternehmerische Tätigkeit nicht in Frage?

Tab. 8: Unternehmensgrundsätze und kritische Prüffragen (eigene Darstellung, vgl. auch Hinterhuber (2004a), S. 93)

Eine Ausrichtung auf soziale und ökologische unternehmenspolitische Ziele kann sich an ökologischen und den sozialen Ansprüchen und Interessen, die an das Unternehmen herangetragen werden, orientieren. Das Unternehmen kann sich beispielsweise im ökologischen Bereich engagieren und folgenden Ansprüchen Rechnung tragen:

- Verbrauch an natürlichen Ressourcen begrenzen bzw. alternative Energiequellen nutzen (erneuerbare und rezyklierbare Rohstoffe)
- Begrenzung des Volumens und der Konzentration von umweltbelastenden Abfällen und Schadstoffen
- Außergewöhnliche nichtsteuerbare Umweltbelastungen, die z.B. durch Unfälle entstehen könnten, in ihrer Häufigkeit und ihrem potenziellen Ausmaß begrenzen[208]

- Berücksichtigung der Öko-Politik in der gesamten Wertschöpfungskette und Sensibilisierung der Partner, Lieferanten, Kunden und
Mitarbeiter in diesem Bereich

Die Hilti Aktiengesellschaft wurde im Jahre 2003 mit dem Bertelsmann
Preis für eine vorbildliche Unternehmenskultur ausgezeichnet. Das neue
Leitbild (2004) erwähnt neben dem Kernauftrag, die Kunden zu begeis-
tern, auch die verschiedenen Stakeholder-Beziehungen, die sich zu Win/
Win-Beziehungen entwickeln sollen. Zudem wird auf die Umwelt und
die Gesellschaft eingegangen sowie durch das Leben gemeinsamer Werte Soll-Ansprüche erhoben. Auch ein Corporate Governance-Verhaltens-
kodex, der auf den Werten des Leitbildes basiert, regelt das Verhalten innerhalb und außerhalb der Hilti Gruppe. Diese Richtlinie wurde mit der
Absicht erstellt, ein Hilfsmittel für die jeweils richtigen Entscheidungen
im täglichen Geschäftleben zu schaffen und Interessenskonflikte innerhalb
der Hilti Gruppe zu vermeiden.

Fallbeispiel 9: Leitbild der Hilti Aktiengesellschaft
Purpose & Values
**Our purpose: We passionately create enthusiastic customers and
build a better future! Enthusiastic customers: We create success
for our customers by identifying their needs and providing innovation and value-adding solutions. Build a better future: We foster a
company climate in which every team member is valued and able
to grow. We develop win-win relationships with our partners and
suppliers. We embrace our responsibility towards society and environment. We aim to achieve significant and sustainable, profitable growth, thus securing our freedom of action. We live our values: The foundation of our culture is integrity, courage, teamwork
and commitment.**[209]

8.3.4 Strategien

Um den Zusammenhang zwischen Unternehmenspolitik und Gesamtstrategie darzustellen und eine sinnvolle Überleitung von der Unternehmenspolitik zur Strategie zu finden, soll *Abb. 9* die Aufgaben von Unternehmenspolitik und Gesamtstrategie abgrenzen sowie deren Verbindungen aufzeigen.

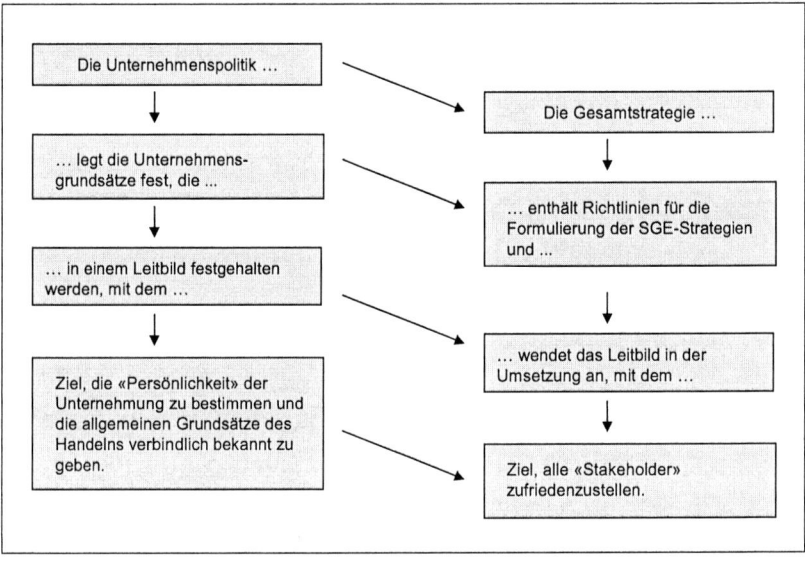

Abb. 9: Der Zusammenhang zwischen Unternehmenspolitik und Strategie (in Anlehnung an Hinterhuber (2004a), S. 93)

Ursprünge der Strategie

Das Wort Strategie ist in seiner heutigen Bedeutung relativ jung. Im alten Athen bezeichnete ein «strategos» einen militärischen Befehlshaber und Mitglied des Kriegsrates. Die Wurzeln dieser Bezeichnung lagen in «strategos» (Armee) und «agein» (führen). Römische Geschichtsschreiber führten dann den Terminus «strategia» ein, um wiederum die Territorien zu benennen, die unter der Kontrolle des «strategus» waren. Später wurde durch den französischen Militärtheoretiker Graf Guibert in seinem Werk «Défense du système de guerre moderne» (1779) der Begriff «stratégique» eingeführt, was der heutigen Bedeutung am ähnlichsten ist. Guibert war demnach der erste Denker, der den Begriff Taktik von etwas Neuem und Umfassenderem semantisch abzugrenzen versuchte.[210] Das Wort Strategie wurde damals mit «Feldherrenkunst» übersetzt und die Taktik als die Truppenführung in der Schlacht.

Clausewitz (1780-1831), ein viel zitierter Kriegsphilosoph und Kriegsanalytiker, verfasste das Werk «Vom Kriege» und beharrte darauf, dass Strategie die intelligente Verknüpfung einzelner Schlachten zur Gestaltung eines nachhaltig erfolgreichen Feldzuges ist: *«Die beste Strategie ist: immer recht stark sein, zuerst, überhaupt und demnächst auf dem entscheidenden Punkt. Daher gibt es ... kein höheres und einfacheres Gesetz für die Strategie, als das: seine Kräfte zusammenhalten ... es muss die gleichzeitige Anwendung aller für einen Stoss bestimmten Kräfte als ein Urgesetz des Krieges erscheinen.»*[211] Dies passt gut zur unternehmerischen Tatsache, dass Spiele im Markt weder durch Zeit noch Raum begrenzt sind. Helmuth von Moltke, ein Clausewitz-Schüler, definierte die Strategie als *«die Fortbildung des ursprünglich leitenden Gedankens entsprechend den stets sich ändernden Verhältnissen»*[212]. Er sah die Aufgabe des Feldherrn in der umfassenden Vorbereitung der militärischen Auseinandersetzung und in der Planung des Beginns des Feldzuges. Viele unsichere Faktoren machten den weiteren Verlauf des Feldzuges für Moltke unplanbar.[213]

Wirtschaft ist kein Krieg. Obwohl Wirtschaft und Krieg gemeinsame Elemente haben, werden diese Phänomene aufgrund unterschiedlicher Motivationen und Resultate, immer getrennt sein. Krieg vernichtet Werte, die Wirtschaft soll Werte schaffen und allen Stakeholdern bestmöglich dienen. Ein verbindendes Element zwischen Krieg und Wirtschaft gibt es sehr wohl: die Strategie. Die Erkenntnisse aus der Militärsstrategie können somit für das Strategie-Bewusstsein in der Wirtschaft hilfreich sein.

Im heutigen wirtschaftlichen Bereich betrifft die Strategie nach Hinterhuber *«die innerhalb einer Zeit einzunehmende Zielposition, die Taktik hingegen, die zu deren Erreichung notwendigen Ressourcen und dynamischen Fähigkeiten»*[214]. Die Strategie wird durch die Vision bestimmt und die Taktik leitet sich von der Strategie ab. Im Mittelpunkt der Strategie steht ein «Feldzug» respektive eine Vorgehensweise, die auf Dauer mit Erfolg geführt werden kann. In diesem Feldzug kann auch der Feind zum Freund werden. In wirtschaftlichem Kontext gesprochen könnte ein Konkurrent oder eine «feindliche» Stakeholdergruppe zum Verbündeten werden, wenn durch eine Kooperation langfristig und nachhaltig Win/Win-Situationen erzielt werden können. Entscheidend dabei ist, dass die Strategie in einer langfristigen Perspektive beantworten kann, was die Unternehmung in Zukunft aus welchen Gründen sein will. In Lewis Carrolls «Alice im Wunderland» sagt die Edamer Katze zu Alice: *«Wenn du nicht weißt, wohin du gehst, dann wird dich jede Strasse dorthin führen.»*[215] Die Aufgabe der Unternehmensführung besteht darin sich die Frage zu stellen: «Wohin gehen wir?» und einen Weg für das Unternehmen dorthin zu skizzieren. Die Unternehmensstrategie ist dabei für diese Beantwortung unabdingbar.

Von der Vision zu den Strategien

Strategien sollen geeignet sein, die normativen Richtlinien der Unternehmenspolitik, die von der unternehmerischen Vision abgeleitet sind, zu konkretisieren. Dies erfolgt einerseits auf der Ebene der Gesamtunternehmung und andererseits auf der Ebene der Geschäftseinheiten. Neuerdings gewinnt durch das Aufbrechen von Wertschöpfungsketten und durch die Verflechtung zwischen verschiedenen Branchen auch die Netzwerkebene an Bedeutung. Diesen Ebenen stehen sog. Normstrategien zur Verfügung, die je nach Phase des Lebenszyklus, in dem sich eine Geschäftseinheit befindet, ausgewählt werden.

Grundsätzlich stehen Normstrategien der **Investition** und des **Wachstums** in Form

* einer Erschließung neuer Wachstumsmärkte für die bestehenden Produktlinien,
* der Entwicklung neuer Produkte für die bisherigen Märkte und der Diversifikation als Kombination beider

zur Wahl, die durch Akquisitions- und Kooperationsstrategien unterstützt werden können. Diesen stehen *Abschöpfungs- oder Desinvestitionsstrategien* gegenüber.[216]

Einteilungen anderer Art gehen von der Intensität des Vorgehens aus, indem sie zwischen Vorwärts- oder Offensivstrategien und Defensivstrategien (Halten der Wettbewerbsposition) und dem Rückzug oder der Desinvestitionsstrategie unterscheiden.[217] Diese einzelnen Geschäftsfeldstrategien sind innerhalb des Portfolios der Gesamtunternehmung zu beurteilen und gegebenenfalls zu korrigieren bzw. optimieren. Die Strategie der Gesamtunternehmung koordiniert die Strategien der einzelnen Geschäftseinheiten bezüglich Cash-flow, Synergien, Attraktivität des Marktes, Risiko- und Gewinnerwartungen und weist Ressourcen dementsprechend zu.

Strategischer Handlungsspielraum und die Wahrnehmung sozialer Verantwortung

Bevor die Strategien für die einzelnen Geschäftsfelder formuliert werden, wird der strategische Handlungsspielraum Schritt für Schritt analysiert. Folgende *Abb. 10* soll zugleich auch die Einordnung der CSR in den strategischen Kontext verdeutlichen.

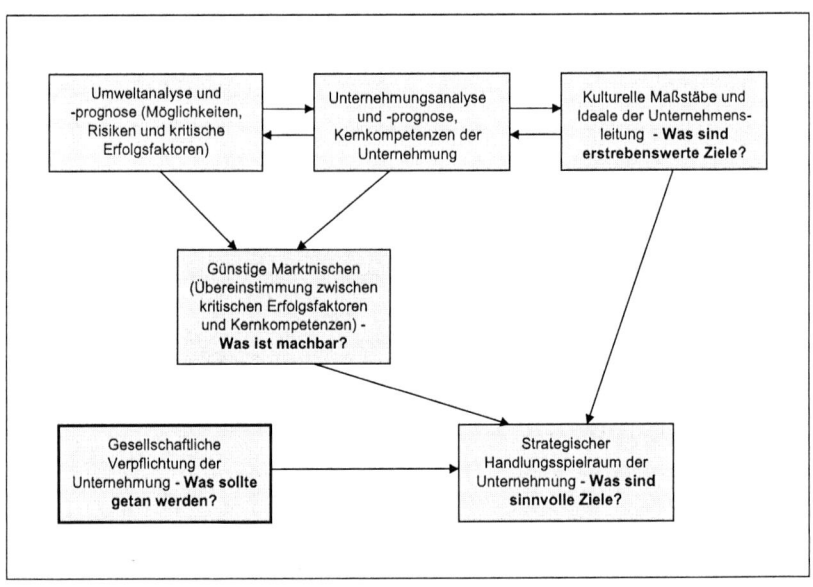

Abb. 10: *Die Bestimmung des strategischen Handlungsspielraumes der Unternehmung (in Anlehnung an Hinterhuber (2004a), S. 114)*

Die Verbindung der Umwelt- und der Unternehmungsanalyse stellt eine ganzheitliche Verkoppelung der Chancen- und Risiken-Analyse (Umwelt) mit der Stärken- und Schwächen-Analyse (Unternehmen) dar. Darin zeigt sich die prinzipielle Relativität strategischen Verhaltens innerhalb eines offenen Systems. Stärken und Schwächen sind niemals absolut, sondern immer in Beziehung zur Umwelt (Stakeholdergruppen) zu beurteilen.[218]

Durch die Analyse werden Geschäftsfelder identifiziert, in denen mittels Einsatz von Kernkompetenzen[219] die Bedürfnisse der Gesellschaft befriedigt werden können. Nachdem die Machbarkeitsfrage geklärt ist, wird jene mit der normativen Unternehmenspolitik, den Idealen und Zielen des Unternehmens geprüft. Im strategischen Entscheidungsprozess entsprechen die Werte den Zielen und vice versa. Diese Werte bestimmen die strategische Profilierung des Unternehmens in dreifacher Weise:

- *durch die Art, wie die Unternehmung ihre Geschäftsfelder festlegt*
- *durch die Wahl der Ziele, Strategien und operativen Maßnahmen, mit denen die Unternehmung in den Wettbewerb eingreift, und*
- *durch ihr Bild, das die Unternehmung der Öffentlichkeit zeigt.*[220]

Parallel dazu soll sich das Unternehmen als Teil der Gesellschaft und somit als «Corporate Citizen» verstehen und sich seine Daseinsberechtigung durch das Lösen von sozial und ökologisch relevanten Problemen verdienen. Das Unternehmen muss sich folgende Fragen stellen:

- Wie können nachhaltig wirtschaftliche und soziale Werte geschaffen werden?
- Welche echten sozialen und ökologischen Bedürfnisse, Ansprüche und Interessen werden durch das Kerngeschäft bzw. CSR-Aktivitäten wahrgenommen?

- Wie kann das Unternehmen ein «Good Corporate Citizen» sein?
- Was ist letztlich der Grund, warum die Gesellschaft dem Unternehmen die Lizenz zum Operieren verleiht?

Zusammenfassend lässt sich der strategische Handlungsspielraum dadurch bestimmen indem nicht nur geklärt wird, was erstrebenswerte Ziele sind, sondern auch welches machbare und sinnvolle Ziele sind.

Strategien gegenüber Stakeholdern

Die gesellschaftliche Verantwortung als Bedingung läuft oft Gefahr, in der Vielzahl der Faktoren, die bei der strategischen Planung zu berücksichtigen sind, unterzugehen. Wie kann nun vermieden werden, dass CSR nicht bloß ein Anhängsel der Unternehmensstrategie ist und auch nicht nur zur nachträglichen Beurteilung der Strategie dient? Wie kann CSR und Strategie miteinander verbunden werden? Wie in dieser Arbeit bereits schon öfter erwähnt wurde, ist die Thematisierung der Strategie gleichbedeutend mit der Thematisierung der Ziele bzw. Werten von Individuen und Gruppen. Strategisches Handeln bedeutet, in Übereinstimmung mit bestimmten Zielen bzw. Werten zu agieren. Freeman und Gilbert leiten daraus zwei Axiome der Unternehmensstrategie ab:

1. *In einer Unternehmensstrategie muss sich das Verständnis für die Werte der Unternehmensmitglieder und Interessensgruppen widerspiegeln.*
2. *In der Unternehmensstrategie muss sich das Verständnis für den ethischen Charakter der strategischen Entscheidung widerspiegeln.*[221]

Freeman und Gilbert kritisieren die Vorstellung, dass das Unternehmen Selbstzweck ist und die individuellen Ziele, Wünsche, Sehnsüchte, Werte und persönlichen Projekte untergeordnet werden müssen. Die Autoren betrachten die «*Unternehmen lediglich als Mittel zum Zweck der Verfolgung menschlicher Ziele*»[222].

Stakeholder-Fokus	Ziel
Aktionärsorientierte Strategie	Auf die Gewinnmaximierung der Aktionäre ausgerichtet
Managerorientierte Strategie	Auf die Maximierung der Vorteile des Managements ausgerichtet
Eingeschränkte Strategie der Interessensgruppenpriorität	Maximierung der Vorteile eines beschränkten Kreises an Stakeholdern
Uneingeschränkte Strategie der Interessengruppen-priorität	Auf die Maximierung der Vorteile sämtlicher Stakeholder ausgerichtet
Strategie der sozialen Harmonie	Auf die Maximierung der sozialen Harmonie ausgerichtet
Die Rawls-Strategie	Das Unternehmen sollte der Ungleichgewichtigkeit unter den Interessensgruppen nur dann Vorschub leisten, wenn sich gleichzeitig das Niveau der am schlechtest gestellten Gruppe verbessert.
Die Strategie der persönlichen Projekte	Das Unternehmen sollte auf die Optimierung der Möglichkeiten für die Unternehmensmitglieder ausgerichtet sein, ihre persönlichen Projekte zu verfolgen.

Tab. 9: Strategien auf Ebene der Gesamtunternehmung (modifiziert nach Freeman, Gilbert (1991), S. 100)

Die Autoren Freeman und Gilbert stellen mögliche Strategien gegenüber Anspruchsgruppen in *Tab. 9* dar. Sie unterscheiden sieben verschiedene Konzeptionen von Strategien auf der Ebene der Gesamtunternehmung. Jeder Strategie liegt eine andere ethische Perspektive zugrunde und gibt eine andere Antwort auf die Frage, gegenüber wem die Unternehmung sozial verantwortlich handeln und Interessen wahrnehmen sollte. Eine systematische Betrachtung der Strategien kann auch unter Verwendung der Kriterien «Zeitorientierung» und «Lösungsfindung» vorgenommen werden.

Die Zeitorientierung lässt sich zwischen Vergangenheit (retrospektiv) und Gegenwart/Zukunft (prospektiv) aufteilen. Bei der retrospektiven Orientierung wird demnach die Reaktion der Stakeholder auf die unternehmerischen Tätigkeiten als Handlungsmaxime verstanden. Bei der prospektiven Orientierung dagegen geht es mehr um eine Antizipation von Bedürfnissen, es geht um «Issue Management», um die frühzeitige Erkennung von Ansprüchen, die dann rasch und ohne Konflikte befriedigt werden können. Bei der Lösungsfindung können die Stakeholder einerseits einbezogen werden (einseitig oder zweiseitig) um die Anliegen noch besser zu verstehen und andererseits werden sie im Lösungsprozess nicht konsultiert und das Unternehmen entscheidet selbst, was die Anliegen der Stakeholder sind. Diese Überlegungen lassen sich nun wie folgt (*Abb. 11*) abbilden:

Zeitorientierung Lösungsfindung		retrospektiv	prospektiv
nicht einbeziehend		Stillhalter	Abschirmer
einbeziehend	einseitig	Adaptor	Antizipator
	zweiseitig	Reagierer	Koagierer

Abb. 11: Strategien der Berücksichtigung von Anspruchsgruppen (in Anlehnung an Thommen (2003), S. 34)

Thommen identifiziert aufgrund dieser beiden Kriterien sechs verschiedene Strategien (oder auch Verhaltensweisen), die im Folgenden kurz erklärt werden:[223]

Stillhalter und Abschirmer: Diese beiden Strategien beruhen nach Thommen letztendlich auf dem egoistischen Prinzip und orientieren sich nicht an den Bedürfnissen der Stakeholder, sondern an den Interessen der Unternehmung. Der Stillhalter gibt sehr wenige Informationen von sich preis. Die Strategie ist solange erfolgreich, solange keine Stakeholdergruppe ein besonderes Interesse bekundet. Die Erfahrung zeigt jedoch, dass bei unethischen Vorkommnissen oft kostspielige Maßnahmen getroffen werden müssen um das Fortbestehen der Unternehmung gewährleisten zu können. Im Unterschied zum Stillhalter bringt der Abschirmer diese Haltung auch aktiv zum Ausdruck, indem er sein (unethisches) Verhalten bewusst verleugnet oder manipuliert.

Adaptor: Der Adaptor erkennt die Notwendigkeit, die Stakeholder Ansprüche zu berücksichtigen. Die eigene Abklärung steht dabei allerdings im Vordergrund. Diese Strategie ist dadurch charakterisiert, dass die Unternehmung viele (unethische) Handlungen vornimmt, die sie immer erst im Nachhinein korrigieren kann, wenn ein Schaden bereits entstanden ist.

Antizipator: Bei dieser Strategie werden die gegenwärtigen und zukünftigen Ansprüche der Interessensgruppen rechtzeitig abgeklärt und es wird versucht, diese bewusst in die Unternehmenspolitik einzubauen. Der Antizipator glaubt ohne direkten Kontakt mit den Betroffenen sich richtig zu verhalten. Der fehlende Dialog, der zu einer möglichen Fehleinschätzung der Stakeholder-Interessen führen kann, macht diese Strategie zu einem gewissen Grad gefährlich.

Reagierer: Diese Strategie geht ebenfalls von einem «Laissez-faire» unternehmerischen Handelns aus mit dem Unterschied, dass sich, sobald sich eine Stakeholder-Gruppe bemerkbar macht, versucht wird, mit diesen in den Dialog zu treten und deren Ansprüche so gut wie möglich zu berücksichtigen. Ähnlich wie bei der Anpasser-Strategie, wird v.a. dann reagiert, wenn es bereits zu einem Konflikt zwischen Unternehmung und einer oder mehreren Stakeholder-Gruppen gekommen ist. Dies mündet dann in der Konsequenz in einer geringeren Kooperationsbereitschaft für eine gemeinsame Lösung.

Koagierer: Bei einem Koagierer handelt es sich um eine Strategie, bei der das Unternehmen versucht, mit ihren Stakeholder-Gruppen gemeinsam die vorhandenen Probleme zu betrachten und nach einer Lösung zu suchen. Ziel dieser Strategie ist es, einen Konsens zu erzielen, der die Unterstützung und Akzeptanz der beteiligten Gruppe nach sich zieht.

Das koagierende Unternehmen

Wenn ein Unternehmen die Rollen des «Corporate Citizen», des Dialogpartners, Systemgestalters und Networkers wahrnimmt, können diese zugewiesenen Rollen nur in Form einer Koagierer-Strategie zum Ausdruck kommen. Die Anforderungen an den Koagierer nach Thommen sollen nun zusammenfassend erläutert werden und im Anschluss durch ein Fallbeispiel greifbar gemacht werden.

1. Die Unternehmung hat als **Teil der Gesellschaft** eine Verantwortung wahrzunehmen, da unternehmerisches Handeln Auswirkungen auf Mensch und Natur hat.
2. Die Unternehmung hat in einen **Dialog** zu treten, um wirkliche Probleme zu lösen und Bedürfnisse zu erfahren und sich darauf zu einigen, welche Probleme gelöst bzw. welche Bedürfnisse befriedigt werden müssen. Dieser Dialog ist notwendig, weil es einerseits eine objektive Wirklichkeit nicht gibt und andererseits unterschiedliche Werthaltungen und Interessen existieren.
3. Der alleinige verbale Konsens mit den Stakeholdern und der vorhandene gute Wille sind nicht ausreichend. Ebenso wichtig sind

die **geistigen Fähigkeiten**, d.h. die Problemlösungsfähigkeit, **innovative Lösungen**, die entsprechenden Ressourcen, um die anstehenden Probleme und Aufgaben, die sich aus dem Dialog ergeben haben, zu bewältigen.[224]

Fallbeispiel 10:

The Body Shop International bezeichnet sich als *«value-driven high quality skin and body care retailer»* und operiert in 50 Ländern mit über 1900 Läden. Das Unternehmen wurde 1976 von Anita Roddick in Brighton, England, gegründet und gehört zu den erfolgreichsten Körperpflegemarken weltweit. The Body Shop vertreibt Haut- und Körperpflegeprodukte nach naturbelassenen und traditionellen Rezepten. Doch nicht nur die Vermarktung und der Vertrieb zeichnen The Body Shop als innovatives Unternehmen aus. The Body Shop geht noch einen Schritt weiter und spricht von einem *«business as unusual»*: *«Wir schaffen neue Märkte für aufgeklärte, ethisch motivierte Kunden. Wir sind geschäftlich ebenso erfolgreich wie als moralische Instanz, weil sich alle Beteiligten entschlossen der guten Sache widmen ... deshalb erstrecken sich unsere Qualitäts- und Wertkonzepte über die Produkte hinaus auf den Umfang mit den Profiten, die mit ebendiesen Produkten erwirtschaftet werden.»*[225] Ganz dem Leitbild entsprechend widmet sich The Body Shop umwelt-, sozial- und gesellschaftspolitischen Themen in pro-aktiver Art und Weise.

Nachfolgend einige Beispiele:

Von Anfang an gehörte es zu den Prinzipien des Unternehmens, sich aktiv gegen Tierversuche in der kosmetischen Industrie einzusetzen. The Body Shop ist der Meinung, dass diese aktive, auch auf Zulieferfirmen ausgedehnte Politik mit dazu beiträgt, den Anteil an Tierversuchen in der Kosmetikindustrie zu reduzieren. Ein weiterer Eckpfeiler des Unternehmens ist seine umweltorientierte Unternehmensführung. Im Mai 1992 war The Body Shop das erste britische Unternehmen, das freiwillig eine Umwelterklärung gemäss den EG-Prüfungsrichtlinien abgegeben hat. Die Beteiligung am Betrieb einer Windfarm in England gehört ebenso zur umweltorientierten Unternehmensführung wie umfangreiche Schulungen und die Sensibilisierung der Mitarbeiter für ökologische Probleme. Auch auf unnötige Verpackungen wird verzichtet, fast alle Flaschen können nachgefüllt und nicht mehr gebrauchte Behälter zur Wiederverwertung im Shop abgegeben werden. In den vergangenen Jahren hat The Body Shop zahlreiche Umweltpreise erhalten. Das am Ende der achtziger Jahre entwickelte «Hilfe durch Handel»-Programm ermöglicht fairen Handel mit bedürftigen Gemeinden und Gruppen. Kern der Initiative ist der Aufbau von langfristigen und respektvollen Handelsbeziehungen, was für viele Menschen eine echte Lebens-Alternative darstellt. Im Oktober 1997 führte das Unternehmen die Hilfe-durch-Handel Kampagne unter dem Slogan «Kakaobutter tut gut. Nicht nur der Haut» durch und etablierte sich damit als einziges Kosmetikunternehmen auf dem Markt, das eine Produktlinie mit fair gehandelter Kakaobutter anbietet. In vielseitigen Sozialprojekten und Aktionen dokumentiert das Unternehmen soziales und gesellschaftliches Engagement. So initiierte The Body Shop z.B. den Eastern Europe Relief Drive, ein Hilfsprogramm für Rumänien. Auch mit einer Aufklärungskampagne machte The Body Shop auf Menschenrechtsverletzungen und Umweltverschmutzung in Nigeria aufmerksam. Im Februar 1998 startete das Unternehmen unter dem Motto *«There are 3 billion women who don't look like supermodels and only 8 who do»* eine Kampagne, die nicht nur auf den Zusammenhang von «Wohlbefinden und Selbstbewusstsein» hinweist, sondern zu-

gleich auch darauf aufmerksam macht, dass unsere westliche Gesellschaft mittlerweile an ihrem eigenen Schönheitsideal krankt.
The Body Shop glaubte schon immer an eine Geschäftswelt, die
aus menschlichen Beziehungen besteht und auch daran, dass
das Unternehmen umso erfolgreicher ist, je mehr den Stakeholdern im Dialog zugehört wird und je mehr diese in Entscheidungs-
prozesse involviert werden. Dies macht The Body Shop zu einem
koagierenden Unternehmen, das mit innovativen Lösungen und
aussergewöhnlichem Engagement eine Triebkraft für den gesellschaftlichen Wandel darstellt. The Body Shop verändert mit seiner Unternehmensstrategie das Wettbewerbsumfeld auf positive und nachhaltige Art und Weise. The Body Shop sieht sich als
Teil der Gesellschaft und nimmt mit grossen Zielen soziale Verantwortung im Kerngeschäft wahr: «*Erst wenn wir im nächsten Jahr-
zehnt nahtlos vom Business als Motor des persönlichen Eigennutzes zum Business als Motor des Gemeinwohls übergehen, gibt es
wirklich Grund zum Feiern.*»[226]

8.3.5 Ziele und Rahmenbedingungen

Die Verbindung von Strategie und Umsetzung erfolgt durch die Vereinba-
rung von Zielen und Rahmenbedingungen. Die Unternehmensleitung bzw.
die Führungspersonen formulieren die Ziele und Rahmenbedingungen, die
ein effizientes Erreichen dieser im Sinne der formulierten Strategie möglich macht. Beim «Management by Objectives», also beim Führen durch
Ziele, wird das «wie» von den Mitarbeitenden bestimmt, was den Verantwortlichen eine hohe strategische wie auch operative Kompetenz abver-
langt. Die Aufgaben von Zielen und Rahmenbedingungen können durch
die Planungs-, Kohäsions- und Controllingfunktion beschrieben werden.
Die Achillessehne betrifft hier v.a. die korrekte Interpretation der Strategi-

en (die Kohärenz mit der Strategie), die sich in allen Entscheidungen widerspiegeln sollte.

Soziale Verantwortung beginnt bereits bei der Formulierung der unternehmerischen Vision und kann nur verwirklicht werden, wenn die oberen Führungskräfte sich mit «gutem Willen» zur prinzipgeleiteten Unternehmensführung bekennen und verpflichten. Dass auch der einzelne Mitarbeiter bis hin zur unteren Hierarchiebene den Sinn und Zweck des Unternehmens versteht und diesen bei der Zielerreichung berücksichtigt, sollte dabei selbstverständlich sein.

8.3.6 Organisation und Prozesse

Für die Gestaltung der Organisation sind v.a. zwei Aussagen relevant: Erstens sind für die Umsetzung der Strategien eine Vielzahl von Menschen in allen Bereichen und Ebenen im Unternehmen und innerhalb der Netzwerke und Wertschöpfungsketten verantwortlich und zweitens muss die Organisation der Strategie angepasst werden um die Ziele bestmöglich zu erreichen. Daraus lässt sich ableiten, dass der Mensch im Mittelpunkt des Wirtschaftens steht und mit ihm die zu verfolgenden Ziele in Einklang gebracht werden müssen. In diesem Buch wurde bereits festgestellt, dass Ziele und Werte eng miteinander verbunden sind. Daraus ergibt sich die Notwendigkeit, dass die Menschen im Unternehmen Ziele erreichen und Werte leben müssen. Vor allem dann, wenn Werte nicht gelebt werden, sollte eine Trennung vom Mitarbeiter in Betracht gezogen werden.[227] Die Trennung von Mitarbeitern aufgrund von Desinvestitionsstrategien durch eine depressive Wirtschaftslage, Fusionsaktivitäten und Auslagerung von Produktionsstätten, ist vom Standpunkt der sozialen Verantwortung aus höchst problematisch. Fallbeispiele zeigen, dass auch hier mit einem prinzipgeleiteten Umgang mit diesen Herausforderungen Lösungen gefunden werden können, die im Interesse von Unternehmen und Mitarbeitern sind. Daimler hat gezeigt, dass durch eine Gehaltssenkung (auch in den Reihen der Top-Manager) die schwierige Auftragslage in den Griff zu kriegen ist, ohne Mitarbeiter zu kündigen.[228] Auch was die anderen Stakeholder betrifft, sind Stakeholdermaßnahmen in ein Gesamtsystem übergreifender sozialer und ethischer Maßnahmen einzubetten. Gegebenenfalls sind auch eine entsprechende Stelle, wie ein Ethikbüro, unternehmensspezifische Instrumente (Ethik-Handbuch, Governance-Kodex, Checklisten usw.) und elaborierte Kommunikationsmaßnahmen, die nach innen und aussen wirken, einzurichten.[229]

Die Konzentration von der klassischen Hierarchie hin zu Geschäftsprozessen verlangt ebenfalls die Schaffung einer integrierten Struktur, in der die Funktionsbereiche durchlässiger und auf die Erwartungen der Stakeholder ausgerichtet werden.[230] Wie bereits im *dritten Kapitel* diskutiert, dienen Normensysteme à la ISO 14001 und ISO 9000 als generische Standards für Managementsysteme, die sich auf Prozesse und Aktivitäten, die eine Organisation zu bewerkstelligen hat, beziehen.[231] Diese Normensysteme leisten gute Dienste, die Unternehmen zu einem solchen Handeln bewegen. Trotzdem soll auf Dialoge mit den Umweltschutzgruppen und anderen Stakeholdern nicht verzichtet werden, da diese Gruppen als Experten die Kompatibilität von bspw. Umweltschutzanforderungen und unternehmerischem Handeln gut ein- und abschätzen können.

8.3.7 Umsetzung

Was im kreativen Chaos der Visionsentwicklung und Strategiefindung anfängt, soll in einer disziplinierten Planung, Fortschrittskontrolle und Strategieüberwachung umgesetzt werden. In diesem Sinne sollen die Mitarbeitenden auf allen Ebenen engagiert und authentisch ihren Beitrag zur

Erreichung der Ziele leisten und damit zur Umsetzung der Unternehmensstrategien beitragen.[232]

Verschiedene Prüffragen sollen die Umsetzung von sozialer Verantwortung in der strategischen Unternehmensführung kritisch hinterfragen:

- Kennen die Mitarbeitenden die Vision und die Strategien der
  Gesamtunternehmung sowie der Strategischen Geschäftseinheiten
  und wissen sie, wie sich diese operativ umsetzen lassen?
- Gibt es Strukturen und Prozesse im Unternehmen, die eine
  Umsetzung im Sinne der Strategie und im Sinne der sozialen
  Verantwortung unterstützen?
- Sind die Ziele und Rahmenbedingungen herausfordernd,
  motivierend und realistisch?
- Wie kohärent und authentisch ist die gesamte Unternehmung
  (Führungskräfte und Mitarbeiter in den anderen Ebenen) bei der
  Umsetzung von Strategien?
- Gibt es ein operatives wirkungsvolles Planungssystem sowie ein
  darauf aufbauendes Controllingsystem für konstruktive,
  integrierende Korrekturmaßnahmen?
- Wird eine positive Unternehmenskultur gelebt, die die Umsetzung
  von sozialen und ökologischen Aktivitäten und Strategien fördert?

8.3.8 Unternehmenskultur und Unternehmensidentität

Hinterhuber definiert die Unternehmenskultur wie folgt: *«Die Unternehmenskultur ist die Gesamtheit der in der Unternehmensführung vor-
herrschenden Wertvorstellungen, Traditionen, Überlieferungen, Mythen,
Normen und Denkhaltungen, die den Mitarbeitern auf allen Verantwortungsebenen Sinn und Richtung für ihr Verhalten vermitteln.»*[233] Lay spricht

von einem «*Ausdruck der Entwicklung von Sein und Bewusstsein im Unternehmen. Kultur bezeichnet ein System von Wertvorstellungen in dialektischer Einheit mit Verhaltensnormen, die von den Menschen eines Sozialgebildes erlernt und akzeptiert wurden*»[234]. Unternehmenskultur entsteht im Sozialisierungsprozess der in einer Institution tätigen Menschen evolutorisch und weitgehend spontan.[235] Wie aus *Abb. 8* ersichtlich ist, beeinflusst die Unternehmenskultur respektive die Unternehmensidentität die Unternehmenspolitik, die Strategien, die Organisation und Prozesse sowie die Umsetzung und die Umwelt des Unternehmens und umgekehrt. Die Unternehmenskultur ist mit den Ursache-Wirkungs-Kategorien nicht einfach zu erfassen. Die Frage, ob eine positive Unternehmenskultur Voraussetzung für die Ausübung von sozialer Verantwortung ist oder eine Folge davon, bleibt offen. Allerdings kann davon ausgegangen werden, dass eine soziale, ethikfördernde Unternehmenskultur Voraussetzung und eine sozial bewusste oder sensible Unternehmenskultur die Folge sein könnte.[236]

Wie bereits erwähnt, schützt ein hoher moralischer Anspruch des Topmanagements alleine noch nicht vor einem Fehlverhalten der Mitarbeiter. Es ist v.a. eine Frage der Unternehmenskultur, für die moralische Verantwortung auf den unteren Hierarchieebenen zu sorgen. Die Unternehmenskultur darf «*handeln nicht einseitig auf ökonomische Werte wie Rationalität, Produktivität und Rentabilität ausrichten, sondern sie **muss** es auch auf sittliche Werte verpflichten*»[237]. Natürlich gibt es auch hier keine Musterlösungen, einige Bestandteile, die für die Bildung einer sozial- und ethikfördernden Unternehmenskultur nützlich sein können, sollen im Folgenden genannt werden:

- **Offenheit:** im Umgang miteinander
- **Kollegialität:** Schaffung eines Klimas der gegenseitigen Unterstützung ohne Neid

- **Flache Hierarchien:** Förderung von Gesprächen von unten nach oben und umgekehrt
- **Sicherheit bzgl. der Verhaltenserwartungen:** Klar definierte Rollen und das Vorleben des gewünschten Verhaltens durch die Unternehmensleitung
- **Rückendeckung von oben:** gewährt dem Mitarbeiter Autonomie und Sicherheit
- **Vertrauen:** Schaffung eines Klimas durch Vertrauen

Eine Unternehmenskultur soll gelebt und nach außen kommuniziert werden, etwa durch Öffentlichkeitsarbeit. Dies schafft nicht nur eine Unternehmensidentität (Corporate Identity), sondern gewinnt auch den Charakter einer Selbstbindung. So können bei einem Konflikt die Werte nicht einfach beiseite geschoben werden, denn die Loyalität der Kunden und Mitarbeiter sowie das Erscheinungsbild und die Reputation des Unternehmens können dadurch großen Schaden erleiden.

9. Ziele von CSR-Aktivitäten in drei Wohltätigkeitskategorien

«Theorien entscheiden darüber, was wir messen.»
Albert Einstein

Die Relevanz der sozialen Verantwortung kann anhand der Motivationen, sprich der Gestimmtheit und Bereitschaft nachhaltig soziale und ökologische Aktivitäten durchzuführen, dargestellt werden. Ein «Motiv» bezeichnet einen Beweggrund, aus dem man etwas tut oder sagt. Ein zentrales Ziel dieses Buches ist es, die verschiedenen Zugänge und Motivationen der sozialen Verantwortung der «Corporate Citizens» zu beurteilen und einzuordnen. Das folgende Kapitel widmet sich der Beurteilung dieser verschiedenen Zugänge.

9.1 Die CSR-Matrix

Die CSR-Matrix (*Abb. 14*) soll den ethischen, kosmetischen und strategischen Zugang zur Übernahme von sozialer Verantwortung darstellen und als hermeneutisches Modell zur Beurteilung der CSR-Aktivitäten dienen. In einem ersten Schritt werden nun die Zugänge mit ihren Zielen in den drei Wohltätigkeitskategorien analysiert und bewertet. Weiters wird dem Modell mittels Best-Practice-Fallbeispielen in allen drei Wohltätigkeitskategorien Evidenz verliehen. Nachstehende Tabelle (*Tab. 10*) soll Informationen für die CSR-Matrix bereitstellen und dem Leser helfen, diese zu kategorisieren, bevor sie in der CSR-Matrix visualisiert werden.

Quadrant	Wohltätigkeitskategorie	Zugang/Motivation	Ziele des CSR-Zugangs
I	Soziale Verantwortung	Intrinsische Motivation – Ethik	• Soziale Wertschöpfung (Altruismus)
II	Strategische Philanthropie	Intrinsische und extrinsische Motivation – Strategie	• Soziale und wirtschaftliche Wertschöpfung (Beeinflussung des Wettbewerbsumfelds)
III	Cause-Related Marketing	Extrinsische Motivation – Kosmetik	• Wirtschaftliche Wertschöpfung (Sympathie-Werbung)
IV		Wertschaffend?	

Tab. 10: Wohltätigkeitskategorien, Zugänge und Ziele von CSR-Aktivitäten

9.1.1 Soziale Verantwortung (Ethik)

Im ersten Quadrant der CSR-Matrix ist die soziale Verantwortung mit ethischen Grundsatzüberlegungen positioniert. Die soziale Wertschöpfung steht in diesem Zusammenhang im Vordergrund. Lantos definiert die ethische CSR wie folgt: *«Ethical CSR is morally mandatory and goes beyond fulfilling a firm's economic and legal obligations, to its ethical responsibilities to avoid harm or social injuries, even if the business might not appear to benefit from this. Hence, a corporation is morally responsible to any individuals or groups where it might inflict actual or potential injury from a particular course of action.»*[239]

Diesem Ansatz stehen vordergründig drei ethische Theorien[240]
zur Verfügung:

1. Teleologische bzw. normative Ethik
2. Deontologische Ethik
3. Tugendhafte Ethik

Die ersten zwei Theorien wurden bereits im ersten Abschnitt behandelt. Die dritte Theorie wird von Lantos eingehend diskutiert. Tugendhafte Ethik oder auch «virtue-based ethics» genannt, bezieht sich auf ethisches Verhalten, welches den guten Charakter des Unternehmens zeigt mit dem Sorgetragen für die Stakeholder. «*...we have an obligation to exercise special care toward those particular persons with whom we have valuable close relationships, particularly relations of dependency.*»[241] Bei der Definition von der altruistischen CSR geht Lantos noch einen Schritt weiter: «*Altruistic CSR is equivalent to Carroll's philanthropic responsibilities and involves contributing to the good of various societal stakeholders, even if this sacrifices part of the business's profitability. Firms practicing altruistic CSR help to alleviate various ills within a community or society, such as lack of sufficient funding for educational institutions, inadequate moneys for the arts, chronic unemployment, urban blight, drug and alcohol problems, and illiteracy, among others.*»[243] Die Legitimität dieses Ansatzes liegt in der Macht und Einflussnahme der Unternehmen, die auch fernab von ihren Transaktionen liegen. Lantos spricht von einem impliziten Vertrag zwischen dem Unternehmen und der Gesellschaft, der die Führungsrolle von Unternehmen im Bereich langfristiger CSR-Planung und Implementierung promotet.

Daraus lässt sich ableiten, dass soziale Verantwortung aus ethischer Perspektive einerseits auf die internen Stakeholder wie auf Mitarbeiter, Lieferanten usw. gerichtet sein kann wie auch andererseits auf Stakeholder, die nicht in engem Kontakt mit dem Unternehmen stehen. Ziel dabei ist, soziale Werte zu schaffen, auch losgelöst vom Kerngeschäft.

Das Best-Practice-Fallbeispiel «Omicron Electronics und Crossing Borders» in dieser Wohltätigkeitskategorie wird im Anschluss ein Verschmelzen dieser beiden ethischen Ansätze zur sozialen Verantwortung zeigen.

9.1.2 Cause-related Marketing (Kosmetik)

Cause-related Marketing (CRM) bezeichnet die Kooperation zwischen einem Unternehmen und einer Non-Profit-Organisation. *«A commercial partnership between a charity and a company, that involves associating a charity's logo with a brand, product or service. This can encourage sales of product as well as raising funds for the charity.»*[244] Im Gegensatz zur Philanthropie steht der Nutzen für den Geldgeber stärker im Vordergrund.[245] CRM ist umstrittener als die Philanthropie. Einige Non-Profit-Organisationen (NPOs) sind aufgrund der Kooperation mit der Wirtschaft kritisiert worden. CRM zielt auf gegenseitigen Nutzen, auf eine Win/Win-Situation zwischen den Kooperationspartnern ab. Wichtig ist, dass ein Unternehmen eine Partnerorganisation findet, die mit Hilfe des Unternehmens ihre Ziele besser erreichen kann.

Beim CRM gibt es zahlreiche Möglichkeiten gegenseitig nützliche Beziehungen zu entwickeln. Das Spektrum reicht von Sonderveranstaltungen, Verkaufspromotionen und Sammelaktionen bis hin zu karitativen Aktivitäten. Dabei gilt es, den Marketing-Fokus nicht aus den Augen zu verlieren. Ziel dabei ist, das Interesse der Öffentlichkeit, allen voran der Zielgruppe, am Unternehmen zu wecken und potenzielle Kunden zum Kauf der Produkte zu bewegen. Nach einer Studie von «Business in the Community» (2001), glauben 77 Prozent der Führungskräfte und Marketing Direktoren, dass CRM das Marken- und Unternehmensimage verbessert.[246]

CRM kann ein Eckpunkt eines Marketing-Planes werden. Vor allem sollen die CRM-Aktivitäten den Ruf des Unternehmens innerhalb des Zielmarktes stärken, denn CRM kann das Unternehmen positiv von den Mitbewerbern abheben.[247] Außerdem wird im Zusammenhang mit CRM-Aktivitäten von folgenden tangiblen Vorteilen[248] gesprochen:

- Gesteigerte Umsätze
- Gesteigerte Transparenz
- Gesteigerte Kundenloyalität
- Verbessertes Unternehmensimage
- Positive Medienberichterstattung

Bei der Auswahl einer Sache, einer «cause», soll nach Van Yoder das Profit-Center mit dem Passions-Center verbunden werden und die Aktivitaten sollen zu einem Spiegel der persönlichen Werte, Vorstellungen und Integrität werden. *«Nothing builds brand loyalty among today's increasingly hard-to-please consumers like a company's proven commitment to a worthy cause. Other things being equal, many consumers would rather do business with a company that stands for something beyond profits.»*[249] Nach diesen Ausführungen lassen sich folgende Aussagen formulieren:

1. CRM zielt auf den Aufbau eines positiven Unternehmensimages ab
2. CRM entwickelt Markenloyalität und Kundenbindung
3. CRM steigert die Umsätze

Daraus lässt sich ableiten, dass CSR-Aktivitäten in der CRM-Wohltätigkeitskategorie korrektive Massnahmen sind, um das Image des Unternehmens so zu verbessern, dass die Kundenloyalität steigt und mit dieser Loyalität auch die Umsätze wachsen. Im Vordergrund steht somit die wirtschaftliche Wertschöpfung, welche durch effektive Marketingmassnahmen im sozialen Bereich erzielt wird. Die Qualität der CSR-Aktivitäten in dieser Wohltätigkeitskategorie kann an den Umsatzzahlen gemessen werden. In der CSR-Matrix werden die CSR-Aktivitäten als Kosmetik-Zugang beschrieben, denn die Motivation des Unternehmens liegt in einer Verbesserung des Unternehmensimages.

Die Kooperation zwischen der mobilkom austria und der Non-Profit-Organisation «Ärzte ohne Grenzen» wird im Empirie-Teil als CRM-Best Practice vorgestellt. Dieses Projekt zeigt soziales Engagement für eine medizinische Versorgung in verarmten Regionen bei gleichzeitiger Sympathie-Werbung für das Unternehmen (siehe *Kapitel 13*).

9.1.3 Strategische Philanthropie (Strategie)

Der Begriff der Strategischen Philanthropie wird in der Strategielehre vor allem durch Porter und Kramer vertreten. Philanthropie bezeichnet die Menschenliebe und -freundlichkeit. Mit strategischer Philanthropie wird eine strategische Wohltätigkeit verstanden, die darauf abzielt das Wettbewerbsumfeld dahingehend zu gestalten, dass neben einem sozialen Nutzen auch ein klar erkennbarer wirtschaftlicher Wert für das Unternehmen geschaffen wird.

Porter und Kramer empfehlen, dass wirtschaftliche und soziale Ziele nicht mehr als verschieden und konkurrierend angesehen werden. *«Unternehmen operieren nicht isoliert von der Gesellschaft. In einem offenen, wissensbasierten Wettbewerb ist das eine immer weniger zeitgemässe Sichtweise ... ihre Wettbewerbsfähigkeit hängt sogar in hohem Masse von den Bedingungen ab, die an ihren Geschäftsorten herrschen.»*[250] Viele Unternehmen schaffen bewusst eine Trennung zwischen Wohltätigkeit und dem Kerngeschäft, weil sie glauben, dies brächte ihnen vor Ort mehr Sympathie ein.[251] Langfristig sind soziale und wirtschaftliche Ziele aber nicht inhärent, sondern in diesem Ansatz untrennbar miteinander verbunden. Dabei geht es um eine Verknüpfung des Engagements mit Anliegen, die ihr langfristiges Wettbewerbspotenzial verbessern. An dieser Stelle soll auch auf das *Kapitel 8.3.4* hingewiesen werden.

Optimale Bedingungen im Wettbewerbsumfeld sind strategisch höchst bedeutend. Porter schlägt dabei die Analyse von vier Elementen des Wettbewerbumfeldes vor (siehe *Abb. 12*), um so genannte Schnittmengen sozialer und wirtschaftlicher Wertschöpfung zu identifizieren, die die Wettbewerbsfähigkeit am meisten steigern.

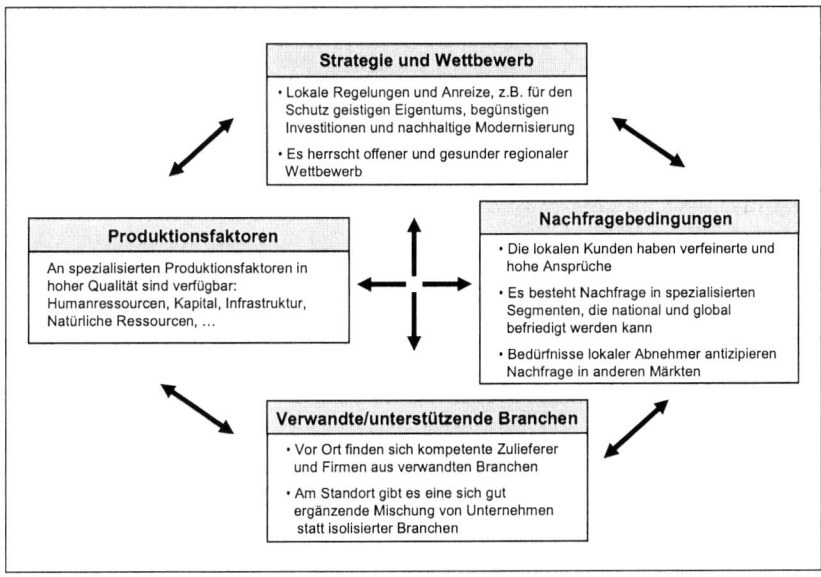

Abb. 12: *Die vier Elemente des Wettbewerbsumfelds (in Anlehnung an Porter, Kramer 2003), S. 47)*

Bei diesem Ansatz wird das spieltheoretische Dilemma, das Trittbrettfahrer-Problem, wonach andere Firmen auch von einer Verbesserung des Wettbewerbsumfeldes profitieren, kritisiert. Porter und Kramer verneinen dieses Problem und zwar aus folgenden fünf Gründen:

- Verbesserungen kommen v.a. den Unternehmen am Ort zugute, nicht alle haben ihren Sitz am selben Ort
- Wohltätigkeit fördert kollektives Handeln. Firmen kooperieren und teilen sich die Kosten
- Führende Firmen können grosse Summen ausgeben und streichen dabei auch den Löwenanteil ein (siehe Best-Practice im *Kapitel 11*)
- Je genauer die Wohltätigkeit auf die einzigartige Strategie eines Unternehmens abgestimmt ist, desto grösser ist der Nutzen
- Überproportionale Vorteile durch Imagegewinn und gute Beziehungen

Ein Unternehmen, das den Konnex zwischen Wohltätigkeit und Wettbewerbsumfeld verstanden hat, kann Schnittstellen ausfindig machen und erkennen, wo es sich engagieren sollte, und wie es mit seinen Zuwendungen die grösste wirtschaftliche und soziale Wertschöpfung erzielen kann. *«Die sozialen Aktivitäten eines Unternehmens müssen zu dessen Geschäft passen, damit es seine besonderen Kompetenzen einbringen und sich in die gewünschte Richtung weiterentwickeln kann.»*[252] Um den Wert der Wohltätigkeit zu maximieren werden vier Aktivitäten besonders wichtig:

Die besten Empfänger auswählen: Eine Prüfung der Organisationen, die mit den Spenden Nutzen erzeugen, sind von grosser Bedeutung. Es empfiehlt sich die Leitlinien und Verfahren der Organisation kontinuierlich zu prüfen und die Erfolge zu messen.

Ein Signal für andere Sponsoren setzen: Wenn eine Non-Profit-Organisation effizient mit einem Sponsor zusammenarbeitet, kann der Sponsor das auch bekannt machen und damit auch andere Sponsorengelder akquirieren.

Die Leistung der Empfänger verbessern: Die richtige Auswahl der Spendenempfänger erhöht die soziale Rendite, andere Sponsoren werden hellhörig und die Zuwendungen erhöhen sich. Unternehmen können eng mit Non-Profit-Organisationen zusammenarbeiten und ihr Management-Wissen zur Verfügung stellen, um so noch effektiver Werte zu schaffen.

Wissen fördern: Innovation schafft Produktivität. Durch Spezialkenntnisse und Forschungsinfrastruktur von Unternehmen können Organisationen neue Leistungen entwickeln, die sie sich selbst nie leisten könnten.

Abb. 13 stellt den maximierten sozialen und wirtschaftlichen Wert, der durch die positive Beeinflussung des Wettbewerbsumfeldes geschaffen wird, grafisch dar:

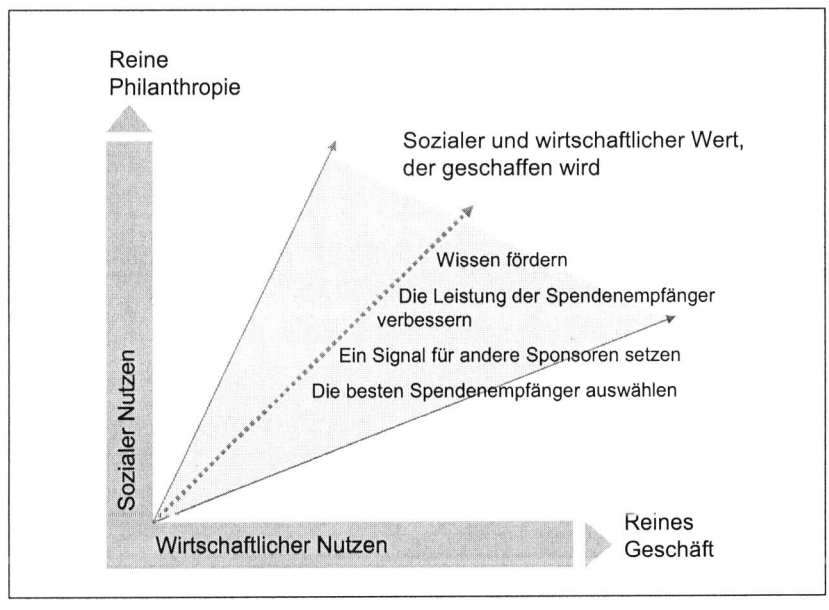

Abb. 13: Den Wert der Wohltätigkeit maximieren (in Anlehnung an Porter, Kramer (2003), S. 50)

9.2 Analyse der CSR-Matrix

In nachstehender Abbildung sind nun die drei Wohltätigkeitskategorien in einer Matrix (*Abb. 14*) zusammengefasst. Im *Quadranten IV* wird die Wertschöpfung als Kriterium hinterfragt. Hier kann das Spenden nach dem «Gießkannenprinzip» eingeordnet werden, sprich soziale Aktivitäten von Unternehmen, die nicht ordentlich geplant und durchgeführt werden und somit keinen relevanten sozialen oder/und wirtschaftlichen Nutzen für das Unternehmen und die jeweilige geförderte Gruppe stiften. Hierbei ist vor allem zu hinterfragen, ob es nicht mehr Sinn macht, spezialisierte Organisationen zu beauftragen, die die Kompetenz haben, soziale Werte zu maximieren.

Die CSR-Matrix wird nun anhand der Kriterien Glaubwürdigkeit, Wettbewerbsvorteile und Wertschöpfungsausmaß analysiert.

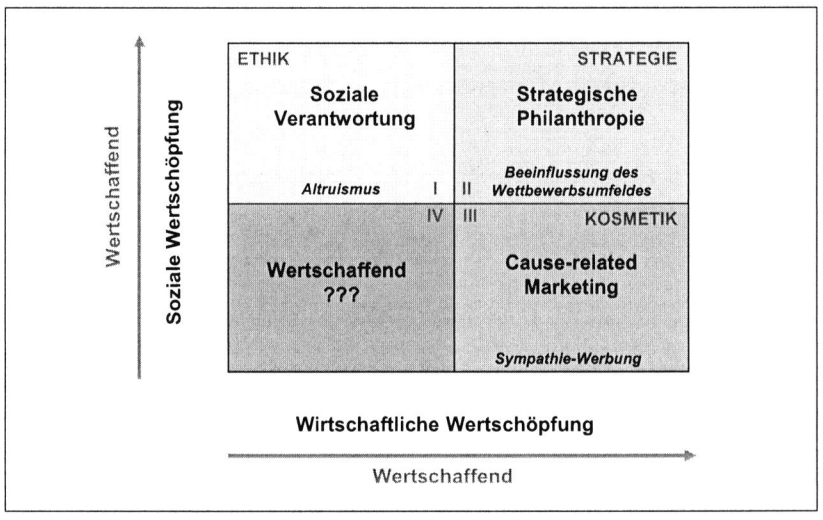

Abb. 14: Die CSR-Matrix

9.2.1 Glaubwürdigkeit

Nach Thommen gehört die Glaubwürdigkeit eines Unternehmens zur Grundlage unternehmerischen Denkens und Handelns.[253] *«Glaubwürdigkeit kann im CSR-Bereich besonders leicht verspielt werden.»*[254] Ohne Glaubwürdigkeit kann ein Unternehmen in der heutigen Zeit kaum überleben. Ziel aller nachhaltigen sozialen und ökologischen Aktivitäten eines Unternehmens ist der Erhalt der Daseinsberechtigung von der Gesellschaft, die nur im Falle einer glaubwürdigen Umsetzung der CSR diese dem Unternehmen offeriert. Ergo ist Glaubwürdigkeit in allen unternehmerischen sozialen und ökologischen Bestrebungen von großer Bedeutung. Ein Unternehmen wird in erster Linie über die Produkte und Dienstleistungen, die es hervorbringt, sowie über den Mehrwert, der dem Kunden geboten wird, wahrgenommen. Das Kerngeschäft ist, metaphorisch gesprochen, das Herz eines jeden Unternehmens mit dem Werte erwirtschaftet werden. Die Verschmelzung des Kerngeschäfts mit sozialen Aktivitäten kann wie im vergangenen Kapitel beschrieben wurde, zur positiven Beeinflussung des Wettbewerbsumfeldes führen und im Weiteren die Glaubwürdigkeit durch die strategische Relevanz steigern. Die Beauftragung der Abteilung für Öffentlichkeitsarbeit eines Unternehmens mit CSR-Maßnahmen deutet mehr auf korrektive als auf integrative Unternehmensethik hin und kann unter Umständen für die Glaubwürdigkeit problematisch werden: *«Die Begriffe Corporate Citizenship und Corporate Social Responsibility sind en vogue. Wer in den Verdacht gerät, sie für PR-Kampagnen zu missbrauchen, macht sich unglaubwürdig.»*[255]

9.2.2 Wettbewerbsvorteile

In der CSR-Matrix sind die sozialen und wirtschaftlichen Werte dann maximiert, wenn die CSR-Aktivitäten in die Unternehmensstrategie implementiert werden. Wettbewerbsvorteile ergeben sich einerseits aus der daraus resultierenden Glaubwürdigkeit der Ausübung von sozialer Verantwortung und andererseits durch die positive Beeinflussung des Wettbewerbsumfeldes, wie der Produktionsfaktoren, der Nachfragebedingungen sowie der gesamten Branche. Wenn diese Kernprozesse besser durchgeführt werden als es die Mitbewerber im Stande sind, kann Strategische Philanthropie gleichzeitig einen Wettbewerbsvorteil darstellen. Durch Zertifizierungsmaßnahmen, wie beispielsweise Prozess-Standards, können Kernprozesse durch innovative Technologien einen wertvollen Beitrag zur Verringerung der ökologischen Belastungen leisten. Aus diesen Konsequenzen lässt sich ableiten, dass wiederum die Integration der CSR in die Geschäftsprozesse und den «business case» am effektivsten in der Realisierung von Wettbewerbsvorteilen ist.

9.2.3 Ausmaß und Art der Wertschöpfung

Wertschöpfung wird, wie bereits in *Kapitel 7.1* dargestellt, als Prozess des Schaffens von Mehrwert durch Bearbeitung bezeichnet. In *Kapitel 7.1.2* wurde anhand von drei Thesen auch die soziale versus die wirtschaftliche Wertschöpfung diskutiert. Diese Thesen können nun dazu dienen, die Art und das Ausmaß der Wertschöpfung zu analysieren.

In *Quadrant I* der CSR-Matrix ist die soziale Wertschöpfung vordergründig. Hier lässt sich (*These 1*) **durch wirtschaftliche Wertschöpfung soziale Wertschöpfung erzielen**. Nachdem ein Unternehmen positive Ergebnisse erwirtschaftet hat, wird ein Teil verwendet um, altruistisch motiviert, nachhaltige soziale und ökologische CSR-Aktivitäten durchzuführen.

In *Quadrant III* ist die wirtschaftliche Wertschöpfung im Mittelpunkt der Überlegungen bei der Durchführung von CSR-Aktivitäten. Hier geht es eine Verbesserung des Unternehmensimages nach außen durch Sympathie bringendes «cause-related Marketing». **Durch soziale Wertschöpfung wird somit soziale Wertschöpfung erzielt** (*These 2*).

In *Quadrant II* der CSR-Matrix gibt es keine Dichotomie zwischen wirtschaftlicher und sozialer Wertschöpfung, denn **wirtschaftliche Wertschöpfung ist soziale Wertschöpfung** (*These 3*), da die CSR-Aktivitäten in die Unternehmensstrategie integriert sind und beide Wertschöpfungsarten gleichzeitig maximiert werden.

Nach einer Zusammenfassung und einem Zwischenfazit wird die Analyse mittels Best-Practice-Fallbeispielen in den drei Wohltätigkeitskategorien fortgesetzt.

10. Zusammenfassung und Zwischenfazit (2)

«Für augenblickliche Gewinne
verkauf ich die Zukunft nicht.»
Werner von Siemens

Ein Unternehmen sollte sich mit zwei elementaren Fragen beschäftigen bevor der eigentlichen unternehmerischen Tätigkeit nachgegangen wird. Die erste Frage bezieht sich auf den Sinn der Wertschöpfungsaufgabe: Welche Werte sollen wirtschaftend geschaffen werden? Die zweite Frage, die sich ein Unternehmen stellen sollte, ist die Legitimitätsfrage: Für wen sind die Werte zu schaffen?

Das Ziel des strategisch unternehmerischen Handelns ist die Wertschöpfung, sprich der Mehrwert, der durch die Transformation der Ressourcen in Produkte und Dienstleistungen erzielt wird und vor allem dem Kunden Nutzen stiften soll. Ein Unternehmen muss mindestens seine Kapitalkosten verdienen, um das Überleben der Organisation zu sichern. Wirtschaftliche Wertschöpfung dient vor allem den Kapitaleignern des Unternehmens und den internen Stakeholdern, wie etwa den Mitarbeitern und Kunden. Die soziale Wertschöpfung, die neben der wirtschaftlichen Wertschöpfung erzielt werden sollte, wird als Nutzen für die übrigen Stakeholder gesehen. Stakeholder sind jene, die einen legitimen Anspruch gegen das Unternehmen vorbringen können, unabhängig davon wie viel Machtpotenzial sie haben.

Bezüglich sozialer und wirtschaftlicher Wertschöpfung lassen sich drei Thesen formulieren, die auf die verschiedenen Motivationen der einzelnen CSR-Aktivitäten hinweisen sollen.

Erstens lässt sich durch wirtschaftliche Wertschöpfung soziale Wertschöpfung erzielen, denn eine maximierte Wertsteigerung lässt auch mehr Freiheiten zu, einen bestimmten Teil des erwirtschafteten Gewinnes sozialen Projekten zuzuführen. Zweitens können durch soziale Wertschöpfung in der Folge wirtschaftliche Werte geschaffen werden, wie der «cause-related Marketing»-Ansatz demonstriert. Drittens kann die Dichotomie zwischen wirtschaftlicher und sozialer Wertschöpfung aufgehoben werden, indem die sozialen Aktivitäten ins Kerngeschäft übergehen und zum eigentlichen Unternehmenszweck werden, wie es der Ansatz der Strategischen Philanthropie und die Einordnung in eine Gesamtkonzeption der Strategischen Unternehmensführung zeigt.

«Die Zukunft kann man am besten voraussagen,
wenn man sie selbst gestaltet.»

Alan Kay

11. Einleitung

«Alles, was du anderen gibst, bleibt dein; was du aber behältst,
das ist verloren.»
S. Rustaweli

In diesem Teil des Buches werden nun Best-Pratice-Fallbeispiele in den jeweiligen Wohltätigkeitskategorien vorgestellt. *«Best Practice ist die effektivste und effizienteste, also optimale Methode, um ein Ziel zu erreichen oder eine Aufgabe zu erfüllen.»*[256] Die vorgestellten Unternehmen, Omicron Electronics, mobilkom austria und Cisco Systems sind in der Elektronik-Branche angesiedelt und operieren mit ihren nachhaltigen CSR-Aktivitäten in ihrer Rolle als gute «Corporate Citizens». Ziel dieses Teils ist es, die CSR-Matrix (*Abb. 14*) wie auch die Analyse (*Kapitel 9.2*) dieses her-

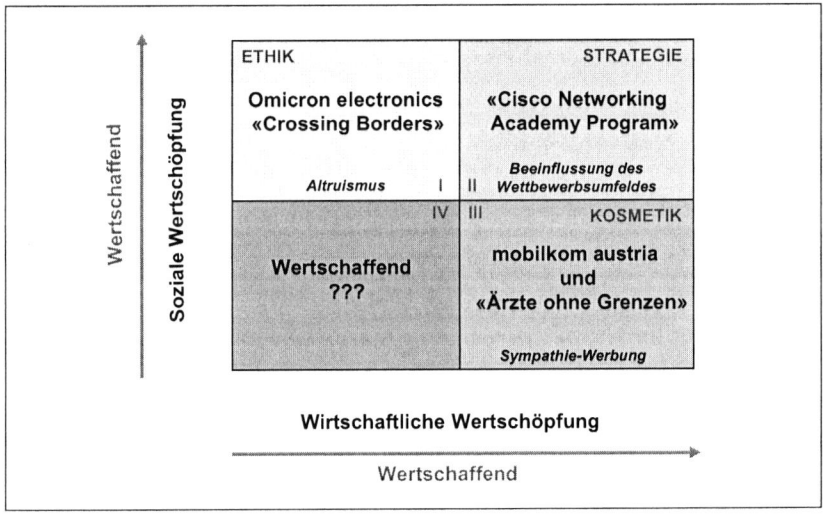

Abb. 15: *Die Best Practice-Fallbeispiele in der CSR-Matrix*

167

meneutischen Modells durch Praxisbeispiele zu verifizieren und damit anderen Unternehmern Benchmarks, Ideen und Impulse zur Ausgestaltung ihrer eigenen CSR-Aktivitäten zu vermitteln.

Zu beachten ist, dass es sich im Folgenden um ein ausgewähltes Projekt innerhalb eines z.T. breiten CSR-Portfolios handelt. Dieses einzelne Projekt ist von anderen Projekten abzugrenzen, da sich die verschiedenen Projekte innerhalb eines Unternehmens hinsichtlich der Motivation und Zielsetzung unterscheiden können.

12. Soziale Verantwortung bei Omicron Electronics

*«Children are the foundation of our future world.
We seek to enable them to manage their own lives.With the Crossing
Borders program, we promote sustainable education for growth and try
to improve quality of life whilst respecting local culture.»*
Projekt Mission - Omicron

12.1 Das Unternehmen

Omicron Electronics GmbH ist ein Vorarlberger Unternehmen, das international tätig ist und Prüfsysteme für Schutz- und Messtechnik in der elektrischen Energieversorgung entwickelt, herstellt und vertreibt. Das Unternehmen wurde in den letzten zehn Jahren zum Weltmarktführer in diesen Segmenten und erzielte mit rund 144 Mitarbeitern einen Umsatz von 0,3 Millionen Euro. Die Exportquote des Unternehmens beträgt rund 98%.[257]

Die Vision des Unternehmens ist in einer materiellen wie auch spirituellen Dimension formuliert. Neben einer klaren potenziellen Positionierung zum Weltmarktführer (*«Every electrical power system in the world makes use of Omicron products and/or services»*[258]) und zum innovativsten und erfolgreichsten Hightechunternehmen weltweit, möchte das Unternehmen die Welt ein Stück weit zum Besseren gestalten. Mit *«We change the world for the better»*[259] möchte das Unternehmen neben einer langfristigen Kundenorientierung ein Sozialkonzept verfolgen, das über die Grenzen der eigentlichen Geschäftstätigkeit hinausgeht.

12.2 Das Projekt «Crossing Borders»

Die praktische Umsetzung dieses Sozialkonzeptes erfolgt dadurch, dass Omicron bei positivem Geschäftsergebnis ein Prozent des erwirtschafteten Umsatzes für Sozialprojekte zur Verfügung stellt. Ausserdem verwaltet und begleitet ein Team aus engagierten Mitarbeitern in freiwilliger und ehrenamtlicher Tätigkeit dieses Projekt.

Das Projekt titelt mit «Crossing Borders» und soll damit ein Überschreiten zweier verschiedener Grenzen ermöglichen. Erstens werden unter diesem Namen Projekte auf globaler Ebene ausgewählt, unterstützt und begleitet. Mit der Durchführung der sozialen Aktivitäten werden somit räumliche Grenzen in neue Länder und Kulturen überschritten. Zweitens wurde der Name gewählt um auch auf die persönliche «Grenzerfahrung» hinzuweisen, die ein solches Projekt und v.a. die Projektbegleitung miteinschließt. Hier geht es nach Boris Unterer, dem Hauptverantwortlichen des «Crossing Borders»-Projektes, um die *inneren Grenzen*, im Besonderen um die Sozialkompetenz der Mitarbeitenden.[260]

Im Folgenden werden nun die Motive und Hintergründe des Projektes sowie der konkrete Ablauf der Projektabwicklung beschrieben. Durch die Ausführung von zwei Projektbeispielen im *Appendix D* soll dem Leser ein tiefer Einblick in das Sozialprojekt des Unternehmens gewährt werden.

12.2.1 Hintergrund

Der Gründer des Unternehmens, Rainer Aberer, wollte mit seiner unternehmerischen Tätigkeit neben dem Schaffen von wirtschaftlichen Werten die Welt ein Stück weit verbessern. Anfangs waren die Sozialprojekte jedoch noch unkoordiniert und in keiner Weise institutionalisiert. 1996 entschied sich Omicron, die sozialen Projekte von den unternehmerischen Aktivitäten zu trennen. Von Anfang an war klar, dass bei allen Bestrebungen, die maximale soziale Wertschöpfung mittels nachhaltiger und langfristiger sozialer Aktivitäten zu erzielen ist. Im Mittelpunkt stand schon damals die Ausbildung von Kindern in benachteiligten Gebieten mit dem Ziel, diese *«Kinder in die Lage zu versetzen, ihre Zukunft selbst zu gestalten und das Erlernte auch an andere weitergeben zu können»*[261].

Omicrons Motivation zur Durchführung von CSR-Aktivitäten auf globaler Ebene lässt altruistische und ethisch reflektierte Beweggründe erkennen: *«One out of five people on this planet cannot read or write. Millions do not have the opportunity to acquire the knowledge and the abilities that can help them improve their own standard of living, control their own lives and escape from the vicious circle of poverty. Today, due to technological progress, the borders between nations and cultures are breaking down. This is happening to such an extent that the differentiation between ‹haves› and ‹have nots› is pushed into the background. Hence, an attitude of global responsibility towards humanity becomes more important. Every human being has the right for respect, appreciation and happiness. Everything that supports these rights also supports the healthy development of the global society. Human values are becoming more important. Empathy, appreciation, warm-heartedness and sympathy are signs of highly developed social competence and responsibility. These signs are key facilities in today's society, private life and business.»*[262]

Die Projekte richten sich an Menschen, die durch Ausbildung ihr Leben verbessern können und die dann wiederum Programme unterstützen, die auch anderen helfen. Auf dieser Basis versucht Omicron, durch einen gegenseitigen Austausch von Gedanken und Wissen eine Kultur des sozialen Bewusstseins und der sozialen Verantwortung zu schaffen.

12.2.2 Realisierung

Bevor die Projekte realisiert[263] werden, entscheidet ein Auswahlprozess, der nun kurz beschrieben wird, über die potenziellen Partnerschaften. Die Mitarbeiter und/oder Organisationen bringen ihre Ideen für gemeinsame Projekte ein. Diese Ideen werden dann nach bestimmten Kriterien bewertet um eine Vorauswahl zu treffen. In einem weiteren Schritt werden die ausgewählten Organisationen zur Vorstellung ihrer Projekte eingeladen und in einer kritischen Fragerunde werden diese Projekte bezüglich Kriterien, Konsistenz mit Unternehmenswerten auf Herz und Nieren geprüft, mit der Intention, die geeigneten Projektpartner zu finden, die für eine langfristige und effiziente Partnerschaft in Frage kommen.

Auswahlkritierien

Aufgrund dieser Überlegungen werden Projekte ausgewählt, die
- langfristig entwickelt wurden
- eine philanthropische Einstellung zur Verantwortung gegenüber anderen, Toleranz und menschliche Würde, Demokratie und Menschenrechte fördern
- kompatibel mit dem kulturellen Hintergrund des gegebenen Umfeldes sind
- religiös und politisch neutral sind

Kommunikation

Die Fortschritte der individuellen Projekte werden kontinuierlich überwacht. Es erfolgt ein permanentes Feedback über die Entwicklungen und Erfolge der Projekte intern wie auch extern. Die externe Kommunikation soll nach Omicron einen Schneeballeffekt auslösen, der dazu führen soll, dass auch andere Unternehmen dieses Modell zur Umsetzung von globaler sozialer Verantwortung übernehmen. Omicron bekennt sich auch öffentlich zum UN Global Compact (siehe *Kapitel 3.1.2*) und ermutigt andere, sich diesem ebenso zu verpflichten.

Aufgaben des Projektteams

Die Rollen der Mitarbeitenden bestehen hauptsächlich in der Auswahl der Projekte und der kontinuierlichen Betreuung und Überwachung der korrekten Allokation der Ressourcen sowie des gesamten Projektverlaufs und der Sicherung der Kommunikation. Einige Mitarbeiter sind auch nach Möglichkeit vor Ort dabei und setzen ihre Talente zur Unterstützung der Projekte ein. Ein Projekt wurde beispielsweise von einem Mitarbeiter professionell verfilmt. Der Verkauf der Videos kommt ebenfalls dem Projekt zugute.

Starke Identifikation der Mitarbeiter mit dem Unternehmen, verstärkte Wahrnehmung in der Öffentlichkeit, das Unternehmen als Wertegemeinschaft und ein interdisziplinärer Lernprozess zwischen den Hilfsorganisationen und Omicron, der gegenseitiges Lernen, Impulse und die Erneuerung von Denkmustern und Konzepten fördert, sind nur einige Vorteile, die sich nach Omicron für das Unternehmen aus dieser Umsetzung von ethisch motivierter sozialer Verantwortung ergeben. Omicron wurde 2004 mit dem «Trigos Award» (siehe *Kapitel 3.3.3*) in der Kategorie Gesellschaft für das Projekt «Crossing Borders» ausgezeichnet und gilt als Best-Practice auf dem Gebiet der globalen Armutsbekämpfung.

Weiterführende Informationen:
Omicron electronics: http://www.omicron.at/
«Crossing Borders»-Projekt: http://www.omicron.at/aboutus/social

13. Cause-related Marketing bei der mobilkom austria

«Grenzenlose Kommunikation für grenzenlose Hilfe.»
Motto des Projektes

13.1 Das Unternehmen

Die Telekom Austria mit der Mobilfunktochter mobilkom austria ist das größte Telekommunikationsunternehmen Österreichs und zählt mit einem Umsatz von 3,9 Mrd. Euro und 13.800 Mitarbeitenden zu den wichtigsten Konzernen in Österreich. Die mobilkom austria verzeichnet zudem Umsatzerlöse von 817,3 Mio. Euro im 1. Halbjahr 2004. Seit November 2000 ist die Telekom Austria AG an der Wiener Börse und an der New York Stock Exchange notiert.[264]

Die Telekom Austria versteht sich selbst als Gesamtanbieter multimedialer Lösungen. Kundenzufriedenheit als oberstes Unternehmensziel wird durch Technologieführerschaft und eine starke Marke geschaffen. Andere Unternehmensziele sind auch die Stärkung des Markenimages und der Markenwerte sowie die Festigung des Bekanntheitsgrads und generelle Sympathiewerte.

13.2 Das Projekt mit der Hilfsorganisation «Ärzte ohne Grenzen»

Das medizinische Fachpersonal, sprich die Ärzte, Krankenschwestern und medizinisch-technischen Assistenten, ist in den mehr als 80 Einsatzländern von «Ärzte ohne Grenzen» rar. Mit der Initiative «Gesucht: Echte Idealisten» sollte auf diese Situation aufmerksam gemacht werden. Die mobilkom austria fungiert dabei als Partner einer umfassenden Kampagne: Das Unternehmen finanziert nicht nur eine Kampagne, sondern stellt zudem

Expertenwissen sowie Handys für die Einsätze zur Verfügung. Ziel dieser Kampagne ist es einerseits bessere Ausgangsbedingungen in der Personalsituation für oft lebensrettende Einsätze im Ausland zu schaffen und andererseits die Bereitschaft zu fördern, die Mitarbeiter von Spitälern für einen solchen Aufenthalt freizustellen.

Die Hilfs- und Nichtregierungsorganisation «Ärzte ohne Grenzen International» oder «Médecins sans frontières» ist die weltweit grösste private medizinische Hilfsorganisation. 1999 wurde der Organisation der Friedensnobelpreis zuerkannt. Seit diesem Jahr unterstützt die mobilkom austria die österreichische Sektion von «Ärzte ohne Grenzen».

13.2.1 Hintergrund

Partnerschaft, Engagement, Vertrauen und Verantwortung sind bei der Telekom und mobilkom austria in den Unternehmenswerten festgeschrieben. Das Unternehmen sponsert deshalb Aktivitäten, die mit ihren Unternehmenswerten in Einklang stehen. Seit Jahren setzt das Unternehmen Sponsoring-Schwerpunkte im Sozialbereich, bei Kunst und Sport. Die gesellschaftlichen Institutionen werden mit finanziellen Mitteln, Kommunikations-Infrastruktur und technologischem Know-how unterstützt. Bevorzugte Sponsoringempfänger sind jene, die in der Öffentlichkeit stehen und zu denen eine Verbindung zum Kerngeschäft hergestellt werden kann.[266] Die Kooperation mit der Hilfsorganisation «Ärzte ohne Grenzen» hat sich nach und nach entwickelt:

Zu Beginn bestand die Zusammenarbeit hauptsächlich im Austausch von «Geld gegen Logo». Im Jahre 2001 wurde die Kommunikation zwischen der Hilfsorganisation und der mobilkom austria intensiviert: *«Man beriet sich, um zu sehen, wo man zusammenpasste, wie beide Seiten von einer*

Zusammenarbeit profitieren könnten. Ziel war, aus der Wirtschaftspart-
nerschaft eine Win-Win-Situation zu schaffen.»[267] Die Organisation «Ärzte
ohne Grenzen» feierte in diesem Jahr ihr 30-jähriges Bestehen und wollte
den Jahrestag zum Anlass nehmen, eine umfassende Fundraising[268]-Kam-
pagne in die Wege zu leiten, die die Spenden maximieren sollte. Die ge-
plante Win/Win-Situation konnte nun wie folgt realisiert werden.

13.2.2 Realisierung

Unter dem Motto «Grenzenlose Kommunikation für grenzenlose Hilfe»
stand die Kooperation, die auf gemeinsamen Wertehaltungen basierte: Bei
«Ärzte ohne Grenzen» wird das grenzenlose Engagement in den Mittelpunkt gestellt und bei der mobilkom austria die grenzenlose Kommunikation. Die Schlagworte «Mobilität und Flexibilität» sollten nach den koope-
rierenden Organisationen der gemeinsame Nenner zum Erfolg werden.

Konkret bot sich das Spenden per SMS oder via Internet als eine technisch
neue Möglichkeit an, die Kernprodukte der mobilkom austria in den Mittelpunkt der CRM-Aktivitäten zu stellen und die Spenden der Hilfsorganisation rapide zu erhöhen.

Die Kampagne 2003

Ärzte, Hebammen und Krankenschwestern sind beim Hilfseinsatz, im Bild
sind jedoch keine «echten Idealisten» zu sehen, sondern nur deren Pappfi-
guren. Dieser augenscheinliche Denkanstoß demonstriert den dringenden
Bedarf an medizinischem Personal für die Hilfsprojekte. Des Weiteren dokumentiert ein Kino- und Fernsehspot die traurige Realität der fehlenden
Mitarbeiter: Auf einem Flughafen in einem ostafrikanischen Krisengebiet
wartet ein Einheimischer vergeblich auf Hilfe. Leid, Hunger und Elend es-

kalieren, doch die erhoffte medizinische Versorgung trifft nicht ein. Bei allen Sujets und Spots sind die SMS-Nummern der mobilkom und das Logo des Unternehmens gut ersichtlich platziert. Einige Beispiele zu dieser Kampagne finden sich im *Appendix E*. Die breite Werbekampagne (Printmedien, Plakate, TV, Kino, Internet) wurde von der Agentur FCB Kobza konzipiert. Die Kampagne wurde 2002 und auch die Fortsetzungskampagne 2003 mit einem Cannes Löwen ausgezeichnet. *«Diese Auszeichnungen für die von uns unterstützte Kampagne sind Beweis für die tolle Partnerschaft zwischen unserem Unternehmen und Ärzte ohne Grenzen. Die Awards sind eine wichtige Bestätigung für die soziale Verantwortung, die über die Marke mobilkom austria transportiert wird.»*[269]

Die Ergebnisse

Es gehört zu den Grundsätzen der Hilfsorganisation «Ärzte ohne Grenzen» keine Spendengelder für Werbung auszugeben. Um allerdings Spender zu akquirieren, ist es notwendig ein gewisses Mass an Aufmerksamkeit zu erregen. Durch die Kampagnen-Finanzierung der mobilkom austria stiegen die Spendengelder um 42,5 Prozent auf 5,9 Millionen Euro, gleichzeitig stiegen die Spenderzahler um 59 Prozent und 2002 wurde eine nochmalige Steigerung um 5,8 Prozent auf 6,2 Mio. Euro erzielt.[270]

Weiterführende Informationen:
«Ärzte ohne Grenzen»: http://www.aerzte-ohne-grenzen.at/
mobilkom austria: http://www.mobilkomaustria.com/
Telekom Austria: http://www.telekom.at/

14. Strategische Philanthropie bei Cisco Systems

«The two great equalizers in life are the Internet and education.»
John Chambers, CEO Cisco Systems

14.1 Das Unternehmen

Das internationale Unternehmen Cisco Systems wurde 1984 von einer Gruppe von Wissenschaftlern der Stanford University gegründet und ist mittlerweile Weltmarktführer im Bereich Internet-Netzwerke. 1986 brachte Cisco seinen ersten Multiprotokoll-Router auf den Markt (eine Mischung aus Hardware und intelligenter Software), der sich bald als Standard für Networking-Plattformen auf dem Markt entwickelte und dem Unternehmen zu einem gewaltigen Wettbewerbsvorteil verhalf. Anfang der neunziger Jahre wurden zwei neue Technologien entwickelt (Switching und ATM (Asynchronous Transfer Mode, eine Hochgeschwindigkeitstechnologie zur Übertragung von Sprache und Daten in Netzwerken)), welche die weitere Marktentwicklung entscheidend prägten. Heute ist Cisco basierend auf seiner IP-Expertise Vorreiter bei der Integration von Daten und Sprache über dieselbe Netzinfrastruktur. Heute sind Netzwerke ein wichtiger und notwendiger Teil des Geschäftslebens, für die Ausbildung, Verwaltung und den privaten Gebrauch. Cisco Systems erzielte im Jahr 2003 einen Umsatz von 18,9 Mrd. US-Dollar.[271]

14.2 Das Projekt «Cisco Networking Academy Program»

Die Bildungs-Initiative «Cisco Networking Academy Program» (CNAP) bietet jungen Menschen die Möglichkeit, sich zu Netzwerktechnikern mit einem weltweit anerkannten Abschluss (Industrie-Zertifikat CCNA (Cisco Certified Networking Associate)) ausbilden zu lassen. Seit 1997 werden

Studierende, Schülerinnen und Schüler, aber auch interessierte Erwachsene, die ihren Job wechseln wollen, zu Netzwerktechnikern ausgebildet. Viele Initiativen innerhalb des CNAP zielen darauf ab, die Chancen von Menschen in bedürftigen Regionen dieser Welt zu verbessern.[272]

14.2.1 Hintergrund

Cisco ist in den vergangenen zehn Jahren rasch gewachsen. Die Nutzung des Internets erhöhte sich immens und damit auch der Bedarf an qualifizierten Netzwerkadministratoren. Der Arbeitsmarkt für jene Experten ist jedoch von einem chronischen Mangel gekennzeichnet. Dies war nicht nur ein Wachstumshemmnis für Cisco sondern auch für die gesamte IT-Branche. Cisco reagierte pro-aktiv auf diese Situation und fand über das soziale Engagement einen Weg, dieses Problem in Angriff zu nehmen.

«Digital divide» ist ein Ausdruck, der vermehrt in der Wissenschaft und Politik verwendet wird und mit «digitaler Trennung» ins Deutsche übersetzt werden kann. Dieser Term beschreibt den Effekt des Internets und assoziierter Technologien auf die globale Gemeinschaft. Auch CEO und Präsident John T. Chambers ist davon überzeugt, dass die Welt sich inmitten einer Internet-Revolution befindet, die grundlegenden Einfluss auf Wirtschaft und Gesellschaft hat. Chambers Vision ist, dass in wenigen Jahren jeder mit jedem vernetzt sein wird und von überall und jederzeit Zugriff auf die globale Informations- und Kommunikationsinfrastruktur Internet hat. So würden nach Chambers über das Internet jedem Menschen weltweit das gleiche Wissen und damit auch die gleichen Chancen offen stehen.[273] *«The Internet is capable of eliminating the time, geographic, socioeconomic, racial, and ethnic boundaries that can limit access to education and advancement. E-learning is highly effective in reaching disadvantaged and at-risk communities worldwide.»*[274] Cisco glaubt daher, dass das Internet und eine gute Ausbildung notwendig sind, um diesen «digital divide» aufzuhalten und verankert diese Grundhaltung in seiner Vision: *«At Cisco, our vision is to change the way people work, live, play and learn.»*[275] Aufgrund der langjährigen Erfahrung und Expertise versteht Cisco die Chancen und Herausforderungen der Internet Economy und kann zeigen, wie sie optimal genutzt werden. Das Cisco Networking Academy Program steht für die positive Veränderung der Zukunft.[276]

14.2.2 Realisierung

Das Projekt begann mit sympathiegeleitetem Spenden. Zuerst verschenkte Cisco Netzwerkgeräte an Hauptschulen in der näheren Umgebung des Firmensitzes, dann wurde das Projekt auf andere Schulen in der Region ausgeweitet. Doch irgendwann erkannte George Ward, ein Cisco-Ingenieur, der dieses Projekt betreute, dass der Lehrkörper nicht für das Betreiben von installierten Netzen ausgebildet war. In der Folge bot er zusammen mit anderen Cisco-Ingenieuren an, die Sachspenden um Schulung und Lehrer zu ergänzen um das Wissen weiterzugeben, wie Computernetzwerke eingerichtet sind, wie sie zu gestalten und zu warten sind. Die Kurse wurden sehr gut besucht und die Schüler nahmen mit Erfolg daran teil. Durch diesen Erfolg motiviert, wurde das Programm weiter ausgebaut und die Cisco Führungskräfte initiierten ein internetbasiertes Fernlernprogramm, um Schüler und Studenten zu Netzwerkadministratoren auszubilden. Hierzu stattete Cisco Schulen und Universitäten aus, entwickelte multimediale Lehrpläne und bildete Lehrpersonal aus. Diese Initiative setzt nun Cisco sukzessive auch in Europa um. In Österreich sind beispielsweise mehr als 6.000 CNAP-Studierende in Ausbildung.

Das Programm steht in enger Beziehung zu Ciscos Kerngeschäft und Ciscos spezialisiertem Expertenwissen. Dieser Konnex machte es möglich, dass das Unternehmen schnell und kostengünstig ein qualitativ hochwertiges Lernprogramm bereitstellen konnte. Letztendlich maximierte Cisco damit nicht nur den wirtschaftlichen Wert, indem das Unternehmen sich und dem gesamten Cluster einen Arbeitsmarkt mit gut ausgebildeten Netzwerkbetreuern geschaffen hat, sondern auch die soziale Wertschöpfung wurde global in einer Form maximiert, wie es mit reinen Geld- und Sachspenden nicht möglich gewesen wäre.[277] Das Ergebnis dieses Programms lässt sich in folgenden Zahlen[278] ausdrücken:

Anzahl der Schulen	**10.263**
Anzahl der Länder	**160**
Anzahl der Teilnehmer	**272.720**
Anzahl der Absolventen	**45.948**
Anzahl der Lehrer	**24.060**

Tab. 11: Ergebnis des «Cisco Networking Academy Program» in Zahlen

Das Unternehmen Cisco wurde 2003 zum «best corporate citizen» und vom Fortune Magazin zu den «100 best Companies to work for» ausgezeichnet. Cisco Systems bekennt sich zudem zum Global Compact der Vereinten Nationen. Neben dem CNAP engagiert sich das Unternehmen zusätzlich in vielen anderen Bereichen, in denen es durch seine Kernkompetenz wirtschaftliche und zugleich soziale Werte maximieren kann.

Weiterführende Informationen:

Cisco Systems: http://www.cisco.com
Cisco Networking Academy:
http://www.cisco.com/edu/emea/index.shtml

15. «Corporate Social Responsibility» – Ethik, Kosmetik oder Strategie?

«Es gibt nichts Gutes, außer man tut es.»
Erich Kästner

Die zentrale Fragestellung dieses Buches lautet: Welche Relevanz haben soziale Aktivitäten in der strategischen Unternehmensführung?

Im vergangenen Teil dieses Buches wurde festgestellt, dass sich die Wahrnehmung und Ausübung der «Corporate Social Responsibility» aus der gegenwärtigen Welt-, Wirtschafts- und Lebenssituation der einzelnen Menschen ableitet und mehr als blosses Geld- und Sachspenden beinhaltet. Zahlreiche Trends und Initiativen lassen global, national und lokal auf das Augenmerk schliessen, das immer mehr auf die nachhaltigen sozialen und ökologischen Aktivitäten von Unternehmen gelegt wird. Es wurden ferner verschiedene Möglichkeiten der Ausübung von sozialer Verantwortung vorgestellt und die Aktivitäten hinsichtlich ihrer Ziele untersucht. Aus den verschiedenen Erkenntnissen lassen sich nachstehende Konklusionen ziehen und Empfehlungen abgeben:

CSR-Aktivitäten, die über das blosse Geld- und Sachspenden hinausgehen, werden immer relevanter für die Unternehmen, zum einen weil sie den Handlungsbedarf selbst erkennen und zum anderen weil die Gesellschaft von den Unternehmen die Wahrnehmung von sozialem und ökologischem Engagement erwartet.

Die vorgestellte und analysierte CSR-Matrix sowie die Best-Practice-Fallbeispiele zeigen, dass sich CSR-Aktivitäten nicht nur in ihrer Art der Umsetzung, sondern auch in den Motiven und Hintergründen unterscheiden können. Es wird ein ethischer, kosmetischer und strategischer Zugang für CSR-Aktivitäten diskutiert, der an dieser Stelle an die zentrale Fragestellung dieser Auseinandersetzung anknüpfen soll. Jeder einzelne Zugang ist, wie es auch die Best-Practice-Fallbeispiele beweisen, ein legitimer Weg auf globaler oder auf lokaler Ebene, soziale Verantwortung umzusetzen und die Welt ein Stück weit zu verbessern.

Um eine Verknüpfung der Ziele der Strategischen Unternehmensführung mit den Zielen der CSR-Aktivitäten in den drei Wohltätigkeitskategorien (Soziale Verantwortung (Ethik), Strategische Philanthropie (Strategie) und cause-related Marketing (Kosmetik)) herzustellen und damit die Relevanz für die Strategische Unternehmensführung abzuleiten, wird auf die Positionierung der CSR in der Gesamtkonzeption der Strategischen Unternehmensführung nach Hinterhuber verwiesen. Dabei wurde besonders viel Wert auf die Formulierung der Vision, der Unternehmenspolitik wie auch der Strategie gelegt. Diese drei Elemente sind das Herz und der Verstand in der Gesamtkonzeption, hier wird die Sinn- und Legitimitätsfrage des Unternehmens geklärt und der «Kurs» des Unternehmens bestimmt. Alle unternehmerischen Entscheidungen gehen auf dieses Zentrum des strategischen Denkens zurück.

Die Best-Practice-Fallbeispiele von Omicron Electronics, mobilkom austria und Cisco Systems zeigen, dass alle Zugänge respektive Sozialprojekte mit den Werten des Unternehmens übereinstimmen. Die Zugänge unterscheiden sich lediglich hinsichtlich des Wertschöpfungsmixes (wirtschaftlich versus sozial). Daraus lässt sich ableiten, dass dieser Schnittpunkt zwischen den Werten, die ein Unternehmen vertritt, und der Ausübung von CSR-Aktivitäten, in denen diese Werte zum Ausdruck kommen, notwendig ist, um die soziale Verantwortung für die strategische Unternehmensführung relevant zu machen. CSR sollte sich aus der Vision und den Kernaufträgen eines Unternehmens ableiten und keine nachträgliche Rechtfertigung für das unternehmerische Handeln des Unternehmens sein, ergo kann formuliert werden: Je strategischer die CSR-Aktivitäten ausgeführt werden, desto besser.

Summa summarum:

«Corporate Social Responsibility» ist für die Strategische Unternehmensführung relevant, wenn die nachhaltigen sozialen und ökologischen Aktivitäten mit der Vision und den Unternehmenswerten kohärent sind.

Je strategischer und je «näher» die CSR-Aktivitäten beim Kerngeschäft angesiedelt, im besten Fall integriert sind, desto besser lassen sich Wettbewerbsvorteile durch die Umsetzung der CSR in den Kernprozessen erreichen, die in der Folge die soziale und wirtschaftliche Wertschöpfung gleichzeitig maximieren können. Durch diese Ergebnisse wird das Unternehmen von der Öffentlichkeit als glaubwürdig eingestuft, was letzten Endes Grundvoraussetzung für den Erhalt der Daseinsberechtigung von der Gesellschaft ist.

Anmerkungen

[1] Vgl. Thielemann (2002a), S. 9

[2] Vgl. Smith (1789/1996), S. 371

[3] Kant (1768/1984), S. 60

[4] Vgl. Seitz (2002), S. 1

[5] Die Begriffe Corporate Social Responsibility, gesellschaftliche sowie soziale Verantwortung werden in dieser Arbeit synonym verwendet

[6] Vgl. Lunau (2002), S. 66

[7] Lawrence (2002), Buchtitel

[8] Porter zitiert in Morsing (2003), S. 41

[9] Porter zitiert in Morsing (2003), S. 42

[10] Vgl. Baker (2002), S. 1

[11] Vgl. World Economic Statement, Business and Sustainable Development: a global guide, online, verfügbar im Internet, URL: http://www.bsdglobal.com/issues/sr_wef.asp, Abfragedatum: 15.03.2004

[12] Vgl. Sachs (2000), S. 94

[13] Vgl. Lunau (2002), S. 66-67

[14] Vgl. Walton (1999), S. 44-48

[15] Vgl. Walton (1999), S. 44-48

[16] Vgl. Duden – Lexikon des Allgemeinwissens (2000), S. 46

[17] Vgl. Walton (1999), S. 48-50

[18] Vgl. Walton (1999), S. 48-50

[19] Walton (1999), S. 50

[20] Piper (2002), S. 155

[21] Vgl. Smith (1789/1996), S. 17

[22] Smith (1789/1996), S. 17

[23] Walton (1999), S. 51

[24] Frisch zitiert in Baumberger (2002), S. 1

[25] Vgl. Solomon, Higgins (2002), S. 216

[26] Steinmann, Schreyögg (1999), S. 40

[27] Walton (1999), S. 52

[28] Vgl. Walton (1999), S. 65ff

[29] Vgl. Walton (1999), S. 65ff

[30] Vgl. Walton (1999), S. 65ff

[31] Vgl. Walton (1999), S. 65-66

[32] Vgl. Austrian Business Council for Sustainable Development, online, verfügbar im Internet, URL: http://www.iv-vorarlberg.at/static_banner/csr_thesen.pdf, Abfragedatum: 15.01.2004

[33] Vgl. w3: Industriellenvereinigung Vorarlberg, online, verfügbar im Internet, URL: http://www.iv-vorarlberg.at/static_banner/csr_friesl.pdf, Abfragedatum: 15.01.2004

[34] Vgl. Gazdar, Kirchhoff (2002), S. 16-17

[35] Schulte-Noelle zitiert in Thielemann (2002a), S. 6

[36] Vgl. CSR Austria Studie, S. 3

37 Vgl. Waxenberger (1999), S. 14
38 Vgl. Kaltenbach (2004a), S. 2
39 Vgl. Kaltenbach (2004a), S. 2
40 Vgl. Campus Management (2003a), S. 60
41 Vgl. Campus Management (2003a), S. 60-61
42 Vgl. Hinterhuber (2003), S. 89
43 Vgl. Lexikon, online, verfügbar im Internet, URL: http://www.net-lexikon.de/Goldene-Regel.html, Abfragedatum: 13.04.2004
44 Thielemann (2002a), S. 6-9
45 Vgl. Treffpunkt Ethik, online, verfügbar im Internet, URL: www.treffpunkt-ethik.de/download/Ethik-Piotrowski.pdf, 28.11.2003, Abfragedatum: 12.09.2004
46 Vgl. Ulrich (2002), S. 9
47 Vgl. Ulrich (1993), S. 109 und Ulrich (2002), S. 6-9
48 Integrative Wirtschaftsethik wurde am Institut für Wirtschaftsethik an der Universität St. Gallen entwickelt
49 Ulrich (2001), S. 11
50 Waxenberger (1999), S. 15
51 Korff, Wilhelm et al. (1999), S. 136
52 Vgl. Gazdar, Kirchhoff (2003), S. 18
53 Vgl. Gazdar, Kirchhoff (2003), S. 19
54 Vgl. Thielemann (2002b), S. 42
55 Mori CSR Study, online, verfügbar im Internet, URL: http://www.mori.com/csr, Abfragedatum: 09.03.2004
56 Campaign Report on European CSR Excellence 2003 - 2004, online, verfügbar im Internet, URL: http://www.csrcampaign.org/publications/default.aspx, Abfragedatum: 10.02.2004
57 Industriellenvereinigung Vorarlberg, online, verfügbar im Internet, URL: http://www.iv-vorarlberg.at/static-banner/csr-thesen.pdf, S. 5, Abfragedatum: 15.05.2004
58 Seitz (2002), S. 29
59 In der Literatur finden sich für die Bezeichnung von Stakeholdern auch häufig Begriffe wie Anspruchsgruppen, Bezugsgruppen und Interessensgruppen
60 Österreichische Bundesregierung (2002), S. 2
61 Vgl. Bretschneider (2003), S. 47
62 Grünbuch der Europäischen Kommission (2001), S. 13
63 Mitterbauer (2003), S. 10
64 Stadler (2003), S. 15
65 Vgl. Gazdar, Kirchhoff (2004), S. 15
66 Vgl. Gazdar, Kirchhoff (2004), S. 18
67 Vgl. Business for Social Responsibility Education Fund (2000), S. 4-6
68 Vgl. Greenpeace Archiv, online, verfügbar im Internet, URL: http://archiv.greenpeace.de/GP_DOK_3P/BROSCHUE/AKTION/C12IAO2.htm, 7/99, Abfragedatum: 12.09.2004
69 Vgl. Grünbuch der Europäischen Kommission (2001), S. 9
70 Vgl. OECD Richtlinien für Multinationale Unternehmen, online, verfügbar im Internet, URL: http://www.oecd.org/document/28/0,2340,en_2649_34889_2397532_1_1_1_1,00.html, Abfragedatum: 31.03.2004

[71] Vgl. OECD (2000)

[72] Vgl. Leipziger (2003), S. 53

[73] OECD (2002)

[74] Vgl. Global Compact Prinzipen der Vereinten Nationen, online, verfügbar im Internet, URL: http://www.unglobalcompact.org/Portal/?NavigationTarget=/roles/portal_user/ aboutTheGC/nf/nf/theNinePrinciples, Abfragedatum: 31.03.2004 und Millenniums-Entwicklungsziele der Vereinten Nationen, online, verfügbar im Internet, URL: http://www.un.org/millenniumgoals/, Abfragedatum: 31.03.2004

[75] Vgl. Leipziger (2003), S. 73

[76] Ruggie (2002), S. 31

[77] Ruggie (2002), S. 28

[78] CERES ist zugleich auch der Name der römischen Göttin für Fruchtbarkeit

[79] Vgl. United Nations (2002)

[80] Vgl. Artikel aus der Zeitschrift «Trend», online, verfügbar im Internet, URL: http://www.vatech.at/truman/up-media/2152_AAAgesamt.pdf, Abfragedatum: 07.04.2004

[81] Grünbuch der Europäischen Kommission (2001), S. 20

[82] Greenpeace (2002/2003)

[83] GRI (2002), S. 9

[84] Robinson (2002)

[85] Vgl. WHO (2002), S. 8

[86] Vgl. WHO (2002), S. 9

[87] Vgl. Weiß (2002), S. 131

[88] ISO Consumer Policy Committee (2002), S. 31

[89] Vgl. Leipziger (2003), S. 479

[90] Hillary (2001), S. 9-16

[91] ISO Consumer Policy Committee (2002), S.37

[92] CSR Campaign, online, verfügbar im Internet, URL: http://www.sricompass.org/ whatissri/default.aspx, Abfragedatum: 10.04.2004 und SRI-Kompass, online, verfügbar im Internet: http://www.sricompass.org/funds/default.asp und http://www.domini.com/index.htm sowie http://www.nachhaltiges-investment.org, Abfragedatum: 10.04.2004

[93] Vgl. Grünbuch der Europäischen Kommission (2001), S. 4

[94] Grünbuch der Europäischen Kommission (2001), S. 4

[95] Zitat von Isaias Martinez, online, verfügbar im Internet, URL: http://www.fairtrade.net/ sites/aboutflo/why.html, Abfragedatum: 12.04.2004

[96] Online, verfügbar im Internet, URL: http://www.fairtrade.at/ (Rohstoffe -> Kaffee), Abfragedatum: 12.04.2004

[97] Vgl. Lexikon, online, verfügbar im Internet, URL: http://www.net-lexikon.de/ Fairer-Handel.html sowie Fairtrade, online, verfügbar im Internet, URL: http://www.fairtrade.net/sites/standards/standards.html, Abfragedatum: 12.04.2004

[98] Vgl. Fair play at the Olympics Kampagne, online, verfügbar im Internet, URL: http://www.fairolympics.org/en/index.htm, Abfragedatum: 10.05.2004

[99] Vgl. Leipziger (2003), S. 184

[100] Wick (2003), S. 31

[101] Werner, Weiss (2003), S. 218

[102] Vgl. CSR Austria Leitbild, online, verfügbar im Internet, URL: http://csr.m3plus.net/ website/output.php, Abfragedatum: 15.05.2004

[103] Vgl. Österreichische Nachhaltigkeitsstrategie, online, verfügbar im Internet, URL: http://www.nachhaltigkeit.at/strategie.php3, Abfragedatum: 10.05.2004

[104] Trigos, online, verfügbar im Internet, URL: http://www.trigos.at (Statements), Abfragedatum 10.05.2004

[105] Trigos, online, verfügbar im Internet, URL: http://www.trigos.at (Statements), Abfragedatum 10.05.2004

[106] Business for Social Responsibility Education Fund (2000), S. 1

[107] World Business Council for Sustainable Development, online, verfügbar im Internet, URL: http://www.wbcsd.org/web/publications/csr2000.pdf, Bericht: Making Good Business sense, S. 9, Abfragedatum: 12.09.2004

[108] World Business Council for Sustainable Development, online, verfügbar im Internet, URL: http://www.wbcsd.org/web/publications/csr2000.pdf, Bericht: Making Good Business sense, S. 9, Abfragedatum: 12.09.2004

[109] World Business Council for Sustainable Development, online, verfügbar im Internet, URL: http://www.wbcsd.org/web/publications/csr2000.pdf, Bericht: Making Good Business sense, S. 9, Abfragedatum: 12.09.2004

[110] Vgl. CED (1971), S. 15

[111] Vgl. Tavis (1996), S. 106

[112] Grünbuch der Europäischen Kommission (2001), S. 8

[113] Duden (1996), S. 693

[114] Vgl. Carroll (1993), S. 34

[115] Industriellenvereinigung Vorarlberg, online, verfügbar im Internet, URL: http://www.iv-vorarlberg.at/static-banner/csr-thesen.pdf, S. 5, Abfragedatum: 15.05.2004

[116] Vgl. Cash-Interview (2003), S. 31

[117] Korff, Wilhelm et al (1999), S. 76

[118] Meyers Taschenlexikon (1996), S. 746

[119] Vgl. Hyperlexikon, online, verfügbar im Internet, URL: http://www.hyperkommunikation.ch/lexikon/dialog.htm, Abfragedatum: 31.03.2004

[120] Kaiser (2002), S. 344

[121] Vgl. Siemens-Forum, online, verfügbar im Internet, URL: http://w4.siemens.de/ siemensforum/, Abfragedatum: 31.03.2004

[122] Vgl. w26: Global Reporting Initiative, online, verfügbar im Internet, URL: http://www.globalreporting.org/, Abfragedatum: 31.03.2004

[123] Vgl. Kaltenbach (2004b)

[124] Vgl. Sachs (2000), S. 103

[125] Roddick (2001), S. 42

[126] Roddick (2001), S. 43

[127] Seitz (2002), S. 29

[128] Schrader (2003), S. 38-64

[129] Gazdar, Kirchhoff (2002), S. 82

189

[130] Vgl. Andriof, McIntosh (2001), S. 13-24
[131] Vgl. Carroll (1998), S. 1-7
[132] Vgl. McIntosh et al. (2003), S. 16
[133] Vgl. Wood, Logsdon (2001), S. 83
[134] Westebbe, Logan (1995), S. 13
[135] Vgl. Schrader (2003), S. 38-64
[136] Vgl. Ulrich im Cash-Interview (2003), S. 31
[137] Vgl. Hinterhuber (2004a), S. 96
[138] Vgl. Weiß (2002), S. 127-128
[139] Vgl. Ulrich im Cash-Interview (2003), S. 31
[140] Clutterbuck (1981), S. 3
[141] Vgl. Wood, Logsdon (2001), S. 83
[142] Novo Nordisk AS, Sustainability and Human Rights, online, verfügbar im Internet, URL: http://www.novonordisk.com/sustainability/positions/human_rights.asp, Abfragedatum: 15.09.2004
[143] Volkswagen, Umweltmanagement, online, verfügbar im Internet, URL: http://www.volkswagen-umwelt.de/_content/wissen_186.asp sowie http://www.mobilitaet-und-Nachhaltigkeit.de, Abfragedatum: 15.09.2004, sowie Volkswagen Umweltbericht (2003/2004), S. 10-37
[144] Vgl. SPAR Jahresbericht (2003), S. 20-31
[145] Thommen (2003), S. 17
[146] Vgl. Siemens AG, Corporate Governance, online, verfügbar im Internet, URL: http://www.siemens.com/index, Abfragedatum: 15.09.2004 sowie Papendick, Ulric: Corporate Governance – Kontrolle ist besser, in: Manager Magazin 10/2002, S. 43, online, verfügbar im Internet, URL: http://www.manager-magazin.de/magazin/artikel/0,2828,druck-214488,00.html, Abfragedatum: 15.09.2004
[147] Thommen (2003), S. 56, siehe hierzu auch: Ryuzaburo (2003), S. 105-129
[148] Vgl. w30: Benetton, Hunger, online, verfügbar im Internet, URL: http://www.benetton.com/food/hunger sowie Riering, Burkhard: Benetton kämpft gegen Welthunger, in: Die Welt, online, verfügbar im Internet, URL: http://www.welt.de/data/2003/02/14/41751.html?prx=1, erschienen am 14.02.2003, Abfragedatum: 15.09.2004
[149] Müller-Stewens, Lechner (2001), S. 287
[150] Vgl. Müller-Stewens, Lechner (2001), S. 288
[151] Vgl. Wunderer, Jaritz (1999), S. 8
[152] Vgl. Wunderer, Jaritz (1999), S. 288
[153] Hinterhuber (2004), S. 4
[154] Hinterhuber (2004), S. 8
[155] Vgl. Porter, Kramer (2003), S. 40-56
[156] Vgl. Friedman (1971), S. 178
[157] Vgl. Hinterhuber (2003), S. 34
[158] Vgl. Ulrich (2000a), S. 77
[159] Vgl. die eingehende Erörterung beider Aspekte in Ulrich (2001), S. 203ff
[160] Vgl. Waxenberger (2001), S. 21
[161] Berger, Luckmann (1999), S. 1

[162] Vgl. Hinterhuber, Stahl (2000), S. 368
[163] Waxenberger (2001), S. 36
[164] Vgl. Hinterhuber, Stahl (2000), S. 369
[165] Freeman (1984), S. 46
[166] Freeman (1994), S. 409-421
[167] Vgl. Waxenberger (2001), S. 39
[168] Freeman (1984), S. 46
[169] Freeman (1984), S. 45
[170] Ulrich (2001), S. 445
[171] Clarkson (1998), S. 2
[172] Vgl. Clarkson (1995), S. 106-107
[173] Vgl. Waxenberger (2001), S. 41
[174] Waxenberger (2001), S. 42
[175] Vgl. Ulrich (2001), S. 442-443
[176] Ulrich (2001), S. 443
[177] Evan, Freeman (1988), S. 100
[178] Vgl. Donaldson, Preston (1995), S. 68
[179] Vgl. Waxenberger (2001), S. 47
[180] Vgl. Hinterhuber (2004), S. 40
[181] Vgl. Aaker (2001), S. 82ff
[182] Hinterhuber (2003), S. 49
[183] Die Stoa bezeichnet die Philosophie der klassischen Antike, die auf Grund ihrer offenen Weltanschauung dem Einzelnen, unabhängig von jeder Lage, den Weg zu Leistung und innerer Haltung, zur Kohärenz mit sich selbst und zur inneren Harmonie zeigt.
[184] Vgl. Hinterhuber (2003), S. 24-25
[185] Vgl. Senge (1996), S. 213-250
[186] Wieland (1993), S. 31
[187] Vgl. Sicherheitsmanagementsysteme, online, verfügbar im Internet, URL: http://www.qmgh.ch/sicherheitsmanagementsysteme.htm, Abfragedatum: 24.07.2004
[188] Ulrich (2001), S. 430
[189] Waxenberger (2001), S. 166
[190] Waxenberger (2001), S. 37
[191] Waxenberger (2001), S. 169
[192] Vgl. Waxenberger (2001), S. 168-169
[193] Omicrons Vision, online, verfügbar in Internet, URL: http://www.omicron.at/aboutus/ philosophy/fraVisionMission.html, Abfragedatum: 18.09.2004
[194] Vgl. Aaker (2001), S. 26
[195] Vgl. Hinterhuber (2004a), S. 87
[196] Vgl. De Woot (1993), S. 49-53 und Hinterhuber (2004a), S. 83
[197] Vgl. Rüegg-Stürm, Gomez (1994) und Magyar (1989)
[198] Manager Magazin, online, verfügbar im Internet, URL: http://www.manager-magazin.de/ koepfe/mzsg/0,2828,277448-2,00.html, 09.12.2003, Abfragedatum: 23.07.2004
[199] Manager Magazin, online, verfügbar im Internet, URL: http://www.manager-magazin.de/ koepfe/mzsg/0,2828,277448-2,00.html, 09.12.2003, Abfragedatum: 23.07.2004

[200] Vgl. Hinterhuber (2004a), S. 80

[201] Vgl. Henkel, online, verfügbar im Internet, URL: http://www.henkel.com/int_henkel/ ourcompany_at/channel/index.cfm?pageid=190, Abfragedatum: 25.07.2004 und http://www6.henkel.de/global/mit_L3.nsf/vwContentFrame/N25KJBXJ776KSCZDE, Abfragedatum: 25.07.2004

[202] Vgl. Hammer (2003)

[203] Vgl. IKEA – Verantwortung für Gesellschaft und Umwelt, online, verfügbar im Internet, URL: http://www.ikea.at/ms/de_AT/about_ikea/social_environmental/environment.html, Abfragedatum: 12.09.2004

[204] Hinterhuber (2004a), S. 93

[205] Vgl. Hinterhuber (2004a), S. 93

[206] Bleicher (2001), S. 147

[207] Hinterhuber (1989), S. 27

[208] Vgl. Bleicher (2001), S. 172

[209] Hilti Aktiengesellschaft, Leitbild, online, verfügbar im Internet, URL: http://www.hilti.com/ holcom/modules/company2/comp2_mission.jsp, Abfragedatum: 15.09.2004

[210] Vgl. Oetinger, Bassford (2001), S. 37

[211] Greene, Robert (1999), S. 224

[212] Moltke (1892), S. 293

[213] Vgl. Hinterhuber (2003), S. 118

[214] Hinterhuber (2003), S. 55

[215] Lewis Carroll: Alices Abenteuer im Wunderland, online, verfügbar im Internet, URL: http://www.symbolon.de/downtxt/alice.htm, Abfragedatum: 12.09.2004

[216] Vgl. Bleicher (2001), S. 280ff

[217] Vgl. hierzu Porter (1985), S. 344ff, Ansoff (1979), Hinterhuber (2003), S. 56

[218] Vgl. Bleicher (2001), S. 285

[219] Kernkompetenzen sind Quellen von Wettbewerbsvorteilen einer Unternehmung und liegen vor allem in der Qualität des Managements, Technologien, Know-how, Prozessen, Ressourcen und Einstellungen, die zu Kompetenzen gebündelt werden, vgl. Hinterhuber (2004a), S. 12

[220] Hinterhuber (2004a), S. 135

[221] Freeman, Gilbert (1991), S. 23-24

[222] Freeman, Gilbert (1991), S. 24

[223] Vgl. Thommen (1996), S. 34-36

[224] Vgl. Thommen (1996), S. 37-38

[225] Roddick (2001), S. 86

[226] Roddick (2001), S. 87

[227] Vgl. Hinterhuber (2003), S. 139

[228] Vgl. Frankfurter Allgemeine: Daimler Vorstand zu Gehaltsverzicht bereit, 17.07.2004, online, verfügbar im Internet, URL: http://www.faz.net, Abfragedatum: 12.09.2004

[229] Vgl. Waxenberger (2001), S. 145

[230] Vgl. Hinterhuber (2004b), S. 122

[231] ISO Consumer Policy Committee (2002), S. 31

[232] Vgl. Hinterhuber (2004b), S. 203

192

[233] Hinterhuber (2004b), S. 230
[234] Lay (1992), S. 89
[235] Vgl. Bleicher (2001), S. 228
[236] Vgl. Waxenberger (2001), S. 152
[237] Korff, Wilhelm et al. (1999), S. 267
[238] Vgl. Waxenberger (2001), S. 152-153
[239] Lantos (2002), S. 206
[240] Vgl. Lantos (2002), S. 208 sowie Kapitel 2
[241] Lantos (2002), S. 230
[242] siehe hierzu Kapitel 4
[243] Lantos (2002), S. 206
[244] GOSHCC Great Ormond Street Hospital Children's Charity: Cause Related Marketing, online, verfügbar im Internet, URL: http://www.gosh.org/companies/crm.html, Abfragedatum: 16.08.04
[245] Gazdar, Kirchhoff (2002), S. 70
[246] Vgl. GOSHCC Great Ormond Street Hospital Children's Charity: Cause Related Marketing, online, verfügbar im Internet, URL: http://www.gosh.org/companies/crm.html, Abfragedatum: 16.08.04
[247] Vgl. hierzu auch Cone et al. (2003), S. 95-101
[248] Vgl. GOSHCC Great Ormond Street Hospital Children's Charity: Cause Related Marketing, online, verfügbar im Internet, URL: http://www.gosh.org/companies/crm.html, Abfragedatum: 16.08.2004
[249] About: Small Business Canada: Steven Van Yoder: Cause-related Marketing – maybe the key to your target market, online, verfügbar im Internet, URL: http://sbinfocanada.about.com/cs/marketing/a/causemarketing.htm, Abfragedatum: 16.08.2004
[250] Porter, Kramer (2003), S. 43
[251] Vgl. Porter, Kramer (2003), S. 52
[252] Porter, Kramer (2003), S. 42
[253] Vgl. Thommen (1996), S. 4
[254] Lunau (2004), S. 11
[255] Lunau zitiert in Bittelmeyer (2004), S. 22
[256] Campus Management (2003b), S. 1766
[257] Vgl. CorporAID Magazin (2003), S. 66
[258] Omicrons Vision, online, verfügbar in Internet, URL: http://www.omicron.at/aboutus/philosophy/fraVisionMission.html, Abfragedatum: 18.09.2004
[259] Omicrons Vision, online, verfügbar in Internet, URL: http://www.omicron.at/aboutus/philosophy/fraVisionMission.html, Abfragedatum: 18.09.2004
[260] Persönliches Gespräch mit Omicron Electronics-Geschäsführer Martin Pfanner und «Crossing Borders»-Projektleiter Boris Unterer (14.05.2004)
[261] Persönliches Gespräch mit Omicron Electronics-Geschäsführer Martin Pfanner und «Crossing Borders»-Projektleiter Boris Unterer (14.05.2004)
[262] Omicrons Motivation für die CSR, online, verfügbar im Internet, URL: http://www.omicron.at/aboutus/social/fraMotivation.html, Abfragedatum: 16.09.2004
[263] Vgl. und siehe Auszüge aus der «Crossing Borders»-Projektbroschüre im Appendix (D)

[264] Vgl. Unternehmensinformation zur Telekom Austria, online, verfügbar im Internet, URL: http://www.telekom.at/Content.Node2/de/index_frameset.php sowie zur mobilkom austria, online, verfügbar im Internet, URL: http://www.mobilkomaustria.com/CDA/frameset/start_frame/0,3149,889-889-html-de,00.html, Abfragedatum: 16.09.2004

[265] Vgl. Unternehmensprofil der Telekom Austria, online, verfügbar im Internet, URL: http://www.telekom.at/Content.Node2/de/unternehmen/profil/index.php, Abfragedatum: 16.09.

[266] Vgl. Sponsoring-Schwerpunkte der Telekom Austria, online, verfügbar im Internet, URL: http://www.telekom.at/Content.Node2/de/unternehmen/nachhaltigkeit/sponsoring/index.php, Abfragedatum: 16.09.2004

[267] CorporAID Magazin (2003), S. 62

[268] Fundraising bezeichnet das Akquirieren von Spendern bei Non-Profit-Organisationen, vgl. hierzu auch Cutlip et al. (1999), S. 525-529

[269] Elisabeth Mattes, Mobilkom Austria, Kommunikation, zitiert in CorporAID Magazin (2003), S. 63

[270] Vgl. CorporAID Magazin (2003), S. 63

[271] Cisco Unternehmensdaten, online, verfügbar im Internet, URL: www.cisco.com/global/AT/Cisco_Systems/cs_home.shtml, Abfragedatum: 16.09.2004

[272] Vgl. Cisco Networking Academy Program, online, verfügbar im Internet, URL: www.cisco.com/edu/emea/index.shtml sowie www.cisco.com/global/AT/, Abfragedatum: 16.09.2004

[273] Vgl. Cisco Unternehmensprofil, online, verfügbar im Internet, URL: http://www.cisco.com/global/AT/cisco_systems/unternehmensprofil/erf/erf-home.shtml, Abfragedatum: 18.09.2004

[274] Cisco Networking Academy Program, online, verfügbar im Internet, URL: http://www.cisco.com/edu/emea/general/general_home.shtml/academy/ap_home.shtml, Abfragedatum: 18.09.2004

[275] Ciscos Vision, online, verfügbar im Internet, URL: http://www.cisco.com/en/US/about/index.html sowie http://www.cisco.com/en/US/about/ac227/about_cisco_corp_citi_net_academies.html, Abfragedatum 18.09.2004

[276] Vgl. Ciscos Vision, online, verfügbar im Internet, URL: http://www.cisco.com/en/US/about/index.html sowie http://www.cisco.com/en/US/about/ac227/about_cisco_corp_citi_net_academies.html, Abfragedatum 18.09.2004

[277] Vgl. Porter, Kramer (2003), S. 54

[278] Vgl.: Cisco Networking Academy Ergebnisse in Zahlen, online, verfügbar im Internet, URL: http://www.cisco.com/edu/emea/index.shtml, Abfragedatum: 18.09.2004

[279] Vgl. Rankings, online, verfügbar im Internet, URL: http://www.business-ethics.com/100best.htm#Listing sowie http://newsroom.cisc.com, Abfragedatum: 18.09.2004

Literaturverzeichnis

Aaker, David A. (2001): Strategic Market Management, 6th edition, John Wiley & Sons, New York

Andriof, J.; McIntosh M. (2001): Introduction, in J. Andriof and M. McIntosh (Hrsg.), Perspectives on Corporate Citizenship, Greenleaf Publishing, Sheffield, in: Journal of Corporate Citizenship, Volume 11, Autumn 2003, S. 85ff

Ansoff, Igor H. (1979): Strategic Management, New York

Baker, Mallen (2002): But is there a social case for CSR?, in: Business Respect, Issue Number 43, dated 17 Nov 2002

Baumberger, Eleonore (2002): Den Markt entzaubern – Wirtschaftsethiker Peter Ulrich über die Vernunft des Wirtschaftens, Interview, in: St. Galler Tagblatt, 03.09.2002

Berger, Peter L.; Luckmann, Thomas (1999): Die gesellschaftliche Konstruktion der Wirklichkeit, 16. Auflage, Fischer Verlag, Frankfurt am Main

Bittelmeyer, Andrea (2004): Corporate Social Responsibility – Mehr als Moral, in: Manager Seminare, Heft 72, Jänner 2004

Bleicher, Knut (2001): Das Konzept integriertes Management: Visionen – Missionen – Programme, 6. Auflage, Campus Verlag, Frankfurt a. Main, New York

Bretschneider, Rudolf (2003): CSR im Trend, Interview, in: corporAID Magazin, Das österreichische Magazin für Wirtschaft und globale Armutsbekämpfung, Wirtschaftsblatt, ICEP, Nr. 1, Dezember 2003

Business for Social Responsibility Education Fund (Hsg.) (2000): Corporate Social Responsibility – a Guide to Better Business Practices, BSREF, San Francisco, New York

Campus Management (Hrsg.) (2003a): Campus Management, Band I, Campus Verlag Frankfurt/Main

Campus Management (Hrsg.) (2003b): Campus Management, Band II, Campus Verlag Frankfurt/Main

Carroll, Archie B. (1993): Business & Society – Ethics and stakeholder management, 2nd Edition, College Division, South-Western Publishing Co., Cincinnati, Ohio

Carroll, Archie B. (1998): The Four Faces of Corporate Citizenship, in: Business and Society Review, 100/101, S. 1-7

Cash-Interview (2003): Es geht um ein neues Rollenverständnis, Interview mit Peter Ulrich, 07.02.2003, Nummer 6

CED (1971): Social responsibilities of business corporations, Committee of Economic Development, New York

Clarkson, Max B. E. (1995): A stakeholder framework for analysing and evaluating corporate social performance, in: Academy of Management Review, 20 (1995), S. 92-117, in: Sachs Sybille (2000): Die Rolle der Unternehmung in ihrer Interaktion mit der Gesellschaft, Band 89, Schriftenreihe des Instituts für betriebswirtschaftliche Forschung an der Universität Zürich, Haupt, Bern, Stuttgart, Wien

Clarkson, Max B.E. (1998): The corporation and its stakeholders – classic and contemporary readings, Toronto, in: Sachs Sybille (2000): Die Rolle der Unternehmung in ihrer Interaktion mit der Gesellschaft, Band 89, Schriftenreihe des Instituts für betriebswirtschaftliche Forschung an der Universität Zürich, Haupt, Bern, Stuttgart, Wien

Clutterbuck, David (1981): How to be a good corporate citizen: a manager's guide to making social responsibility work – and pay, London, New York, in: Weiß, Ralf (2002): Unternehmensführung in der Reflexiven Modernisierung – Global Corporate Citizenship, Gesellschaftsstrategie und Unternehmenskommunikation, Metropolis-Verlag, Marburg

Cone, Carol L; Feldman, Mark A.; DaSilva, Alison, T. (2003): Causes and Effects, in: Harvard Business Review, Best Practice, S. 95 - 101, Juli 2003

CorporAID Magazin (2003): Das österreichische Magazin für Wirtschaft und Globale Armutsbekämpfung, Wirtschaftsblatt, ICEP, Nr. 1, Dezember 2003

CSR Austria Studie (2004): Die gesellschaftliche Verantwortung österreichischer Unternehmen, Studie im Auftrag der Initiative CSR Austria der Industriellenvereinigung, Wirtschaftskammer und des Bundesministeriums für Arbeit und Wirtschaft, erhältlich bei CSR Austria

Cutlip, Scott M.; Center, Allen H.; Broom, Glen M. (1999): Effective public relations, 8. Auflage, Prentice-Hall, London

De Woot Ph. (1993): Verso un modello europeo di management, in: Economia & Management, (1993), Nr. 3, S. 49-53, in: Hinterhuber, Hans H. (2004a): Strategische Unternehmensführung I – Strategisches Denken, Vision – Unternehmenspolitik – Strategie, 7., grundlegend neu bearbeitete Auflage, Walter de Gruyter, Berlin

Donaldson, Thomas; Preston, Lee (1995): The Stakeholder Theory of the Corporation: Concepts, Evidence, and Implications, in: Academy of Management Review 20, S. 1

Duden (1996): Die deutsche Rechtschreibung, Band 1

Duden (2000): Lexikon des Allgemeinwissens, Bibliographisches Institut & F.A. Brockhaus AG, Mannheim

Evan, W. M.; Freeman, Robert, E (1988): A Stakeholder Theory of the Modern Corporation – Kantian Capitalism, in: Beauchamp, T.C./Bowie, N.E. (Hsg.), Ethical Theory and Business, 3rd Edition, Englewood Cliffs N.J., S. 97-106, in: **Ulrich, Peter (2001):** Integrative Wirtschaftsethik – Grundlagen einer lebensdienlichen Ökonomie, 3., revidierte Auflage, Hauptverlag, Bern, Stuttgart, Wien

Freeman, Edward R.; Gilbert, Daniel L. Jr. (1991): Unternehmensstrategie, Ethik und persönliche Verantwortung, Campus Verlag, Frankfurt, New York

Freeman, Robert Edward (1984): Strategic Management – A Stakeholder-Approach, Pitman, Boston, London, Melbourne, Toronto

Freeman, Robert Edward (1994): The politics of Stakeholder Theory: Some Future Directions, in: Business Ethics Quarterly 4, S. 409-421, in: **Waxenberger, Bernhard (2001):** Integritätsmanagement – Ein Gestaltungsmodell prinzipgeleiteter Unternehmensführung, St. Galler Beiträge zur Wirtschaftsethik, Insitut für Wirtschaftsethik der Universität St. Gallen (Hrsg.), Verlag Paul Haupt, Bern, Stuttgart, Wien

Friedman, Milton (1971): Kapitalismus und Freiheit, Seewald Verlag, Stuttgart-Degerloch

Gazdar, Kaevan; Kirchhoff, Klaus R. (Hrsg.) (2002): Unternehmerische Wohltaten: Last oder Lust? Von Stakeholder Value, Corporate Citizenship und Sustainable Development bis Sponsoring, Luchterhand, München, Unterschleissheim

Greene, Robert (1999): Power – Die 48 Gesetze der Macht, Carl Hanser Verlag, München, Wien

Greenpeace (2002/2003): Business Issue 70, Dezember 2002/Jänner 2003, **in: Leipziger Deborah (2003):** The Corporate Responsibility code book, Greenleaf Publishing Limited, Sheffield (UK)

GRI (2002): Sustainability Reporting Guidelines, Boston

Grünbuch der Europäischen Kommission (2001): Europäische Rahmenbedingungen für die soziale Verantwortung der Unternehmen, Arbeitsbeziehungen und sozialer Wandel,

Generaldirektion Beschäftigung und Soziales Referat EMPL/D.1,
Manuskript abgeschlossen im Juli 2001

Hammer, Thomas (2003): Die besseren Kapitalisten, in: Die Zeit, 24/2003,
Zeitverlag Gerd Bucerius GmbH & Co KG, Hamburg

Hillary, R. (2001): Introduction, in: R. Hillary (Hrsg.): ISO 14001: Case Studies and
Practical Experiences, Sheffield, Greenleaf Publishing, UK,
in: Leipziger, Deborah (2003): The Corporate Responsibility code book,
Greenleaf Publishing Limited, Sheffield (UK)

Hinterhuber, Hans H. (1989): Strategische Unternehmensführung, Band I,
Strategisches Denken, 4. Auflage, Berlin, New York

Hinterhuber, Hans H. (2003): Leadership – Strategisches Denken systematisch schulen
von Sokrates bis Jack Welch, FAZ, Frankfurt am Main

Hinterhuber, Hans H. (2004a): Strategische Unternehmensführung I – Strategisches
Denken, Vision – Unternehmenspolitik – Strategie, 7., grundlegend neu bearbeitete
Auflage, Walter de Gruyter, Berlin

Hinterhuber, Hans H. (2004b): Strategische Unternehmensführung I – Strategisches
Denken, Vision – Unternehmenspolitik – Strategie, 7., grundlegend neu bearbeitende
Auflage, Walter de Gruyter, Berlin

Hinterhuber, Hans H; Stahl Heinz K. (2000): Führung als Deutungsprozess –
Die differenzierte Gemeinschaft der «Stakeholder», aus: Bausch, Thomas; Böhler,
Dietrich; Gronke, Horst; Rusche, Thomas; Stitzel, Michael; Werner, Micha H. (Hrsg.):
Zukunftsverantwortung in der Marktwirtschaft, Ethik und Wirtschaft im Dialog, Band 3,
Lit Verlag, Münster, Hamburg, London

ISO Consumer Policy Committee (2002): The Desirability and Feasibility of ISO
Corporate Social Responsibility Standards (Final Report), «Consumer Protection in the
Global Market» Working Group

Kaiser (2002): Social Reporting – Selbstdarstellung und Selbstverpflichtung –
Unternehmensintegrität im Blickpunkt (5), in: Schweizer Arbeitgeber 8, 11.04.2002, S. 344

Kaltenbach, Carola (2004a): «Ethik im Management», Tao – Team für angewandte
Psychologie und Organisationsberatung – 3. Jahrgang, Ausgabe 2/2004, 19.01.2004, Gaisberg

Kaltenbach, Carola (2004b): «Ethik im Management», Tao – Team für angewandte
Psychologie und Organisationsberatung – 3. Jahrgang, Ausgabe 6/2004, 05.01.2004, Gaisberg

Kant, Immanuel (1768/1984): Grundlegung zur Metaphysik der Sitten, 2. Aufl. 1768, Stuttgart, in: Seitz, Bernhard (2002): Corporate Citizenship: Rechte und Pflichten der Unternehmung im Zeitalter der Globalität, 1. Auflage, Wiesbaden, Dt. Univ.-Verl., Gabler Edition Wissenschaft, S. 60

Korff, Wilhelm et al. (Hrsg.) (1999): Handbuch der Wirtschaftsethik – Band 3: Ethik wirtschaftlichen Handelns, Gütersloher Verlagshaus, Gütersloh

Lantos, Geoffrey P. (2002): The ethicality of altruistic corporate social responsibility, in: Journal of Consumer Marketing, Vol. 19, No. 3, MCB UP Limited, S. 205-230

Lawrence, Mitchell E. (2002): Corporate Irresponsibility – America's Newest Export, Yale University Press

Lay, Rupert (1992): Die Kultur des Unternehmens, Econ, Düsseldorf, **in: Waxenberger, Bernhard (2001):** Integritätsmanagement – Ein Gestaltungsmodell prinzipgeleiteter Unternehmensführung, St. Galler Beiträge zur Wirtschaftsethik, I nstitut für Wirtschaftsethik der Universität St. Gallen (Hrsg.), Verlag Paul Haupt, Bern, Stuttgart, Wien

Leipziger, Deborah (2003): The Corporate Responsibility code book, Greenleaf Publishing Limited, Sheffield (UK)

Lunau, York (2002): Corporate Social Responsibility – mehr als ein halbherziger US-Import – Unternehmensintegrität im Blickpunkt (2), in: Schweizer Arbeitgeber 2, 17. Januar 2002, S. 66-67

Lunau, York (2004): CSR-Initiativen: Wenn Ethik und Erfolg zusammen gehen, in: **New Management, Nr. 5 Magyar, K. (1989):** Visionen schaffen neue Qualitätsdimensionen, in: Thexis, 6. Jahrgang, Nr. 6, S. 3-7, in: **Bleicher, Knut (2001):** Das Konzept integriertes Management: Visionen – Missionen – Programme, 6. Auflage, Campus Verlag, Frankfurt a. Main, New York, S. 103

McIntosh, M.; Thomas, R.; Leipziger, D.; Coleman G. (2003): Living Corporate Citizenship: Strategic Routes to Socially Responsible Business, Prentice Hall, London, in: Journal of Corporate Citizenship, Volume 11, Autumn 2003, S. 85ff

Meyers Taschenlexikon (1996): Band 2, Brockhaus AG, Mannheim

Mitchell, Lawrence E. (2002): Der parasitäre Konzern Shareholder Value und der Abschied von gesellschaftlicher Verantwortung, 1. Auflage, Riemann Verlag, München

Mitterbauer, Peter (2003): Wir sind die Zunkunftslobby, Interview, in: corporAID Magazin, Das österreichische Magazin für Wirtschaft und Globale Armutsbekämpfung, Wirtschaftsblatt, ICEP, Nr. 1, Dezember 2003

Moltke, Helmuth, v. (Hrsg.) (1892): Militärische Werke, II. Band, 2. Teil, Vom Grossen Generalstab, 13 Bände, Berlin, zitiert in: Hinterhuber, Hans H. (2003): Leadership – Strategisches Denken systematisch schulen von Sokrates bis Jack Welch, FAZ, Frankfurt am Main, S. 117

Morsing, Mette (2003): CSR – a religion with too many priests?, in: European Business Forum, 15th Issue, Autumn 2003

Müller-Stewens, Günther; Lechner, Christoph (2001): Strategisches Management: Wie strategische Initiativen zum Wandel führen – der St. Galler General Management Navigator®, 2., überarbeitete und erweiterte Auflage, Schäffer-Poeschl, Stuttgart

OECD (2000): OECD Declaration on International Investment and Multinational Enterprises, Paris, 27 June

OECD (2002): OECD Guidelines for Multinational Enterprises: Global Instruments for Corporate Responsibility, Paris

Oetinger, Bolko V.; Bassford, Christopher (Hrsg.) (2001): Clausewitz – Strategie-Denken – Das Strategieinstitut der Boston Consulting Group, Carl Hanser Verlag, München, Wien

Österreichische Bundesregierung (Hrsg.) (2002): Die österreichische Strategie zur nachhaltigen Entwicklung, S. 2

Piper, Nikolaus (2002): Geschichte der Wirtschaft, Beltz Verlag, Weinheim, Basel, Berlin

Porter, Michael E. (1985): Wettbewerbsstrategie, 3. Auflage, Frankfurt a. Main

Porter, Michael E.; Kramer, Mark R. (2003): Wohltätigkeit als Wettbewerbsvorteil, in: Harvard Business Manager, März 2003, S. 40-56

Robinson, Mary (2002): UN High Commissioner for Human Rights, August 2002, in: **Leipziger Deborah (2003):** The Corporate Responsibility code book, Greenleaf Publishing Limited, Sheffield (UK)

Roddick, Anita (2001): Die Body Shop Story, Die Vision einer aussergewöhnlichen Unternehmerin, Econ Verlag, München

Rüegg-Stürm, Johannes; Gomez, Peter (1994): From Reality to Vision – from Vision to Reality. LAG-IFB-Manuskriptdruck, 8. April 1994, St. Gallen, in: **Bleicher, Knut (2001):** Das Konzept integriertes Management: Visionen – Missionen – Programme, 6. Auflage, Campus Verlag, Frankfurt a. Main, New York

Ruggie, John Gerard (2002): The Theory and Practice of Learning Networks: Corporate Social Responsibility and the Global Compact, in: Journal of Corporate Citizenship 5 (Spring 2002), S. 27-36.

Ryuzaburo, Kaku (2003): The Path of Kyosei, in: Harvard Business Review on Corporate Responsibility, S. 105-129, Harvard Business School Publishing Corporation, USA

Sachs, Sybille (2000): Die Rolle der Unternehmung in ihrer Interaktion mit der Gesellschaft, Band 89, Schriftenreihe des Instituts für betriebswirtschaftliche Forschung an der Universität Zürich, Haupt, Bern, Stuttgart, Wien

Schrader, Ulf (2003): Corporate Citizenship – Die Unternehmung als guter Bürger?, Logos Verlag, Berlin

Seitz, Bernhard (2002): Corporate Citizenship: Rechte und Pflichten der Unternehmung im Zeitalter der Globalität, 1. Auflage, Wiesbaden, Dt. Univ.-Verl., Gabler Edition Wissenschaft

Senge, Peter M. (1996): Die fünfte Disziplin – Kunst und Praxis der lernenden Organisation, 3. Auflage, Klett-Cotta, Stuttgart

Smith, Adam (1789/1996): Der Wohlstand der Nationen, 7. Auflage, Deutscher Taschenbuch Verlag GmbH & Co KG, München

Solomon, Robert C.; Higgins, Kathleen M. (2002): Eine kurze Geschichte der Philosophie, Piper Verlag Gmbh, München

Spar Österreichische Warenhandels-AG (Hrsg.) (2003): Jahresbericht 2003, Salzburg

Stadler, Wilfried (2003): Wir sind die Zukunftslobby, Interview, in: corporAID Magazin, Das österreichische Magazin für Wirtschaft und Globale Armutsbekämpfung, Wirtschaftsblatt, ICEP, Nr. 1, Dezember 2003

Stahl, Heinz, K. (2003): Voraussetzungen für ein nachhaltig gelungenes Stakeholder-Management, aus: **Matzler, Kurt; Pechlaner, Harald; Renzl, Birgit (Hrsg.) (2003):** Werte schaffen – Perspektiven einer stakeholderorientierten Unternehmensführung, Gabler Verlag, Wiesbaden

Steinmann, Horst; Schreyögg Georg. (1999): Management: Grundlagen der Unternehmensführung; Konzepte – Funktionen – Fallstudien, 4. Auflage, Wiesbaden, 1997

Tavis, Lee A. (1996): Managerial Discretion: A Necessary Condition for Multinational Corporate Social Responsibility,
in: **Houck, John W.; Williams, Oliver F. (Hrsg.) (1996):** Is the good corporation dead? Social Responsibility in a Global Economy, Rowman & Littlefield Publishers, Maryland

Thielemann, Ulrich (2002a): Ethik – Was ist das eigentlich?, in: via europe. The multilingual review for the future managers of Europe, Nr. XII (Mai 2002), S. 6-9.

Thielemann, Ulrich (2002b): Nun reden Manager wieder von Ethik,
in: Zürcher Tages-Anzeiger, 8. Juli 2002, S. 42

Thommen, Jean-Paul (1996): Glaubwürdigkeit – die Grundlage unternehmerischen Denkens und Handelns, Versus Verlag AG, Zürich

Thommen, Jean-Paul (2003): Glaubwürdigkeit und Corporate Governance, 2., vollständig überarbeitete Auflage, Versus Verlag AG, Zürich

Ulrich, Peter (1993): Wirtschaftsethik als Beitrag zur Bildung mündiger Wirtschaftsbürger, Beiträge und Berichte des IWE-HSG, Nr. 57, St. Gallen

Ulrich, Peter (1999): Was ist «gute» Unternehmensführung? Bausteine eines unternehmensethischen Integritätsprogramms für das 21. Jahrhundert,
in: Handelszeitung, 29.12.1999, S. 39

Ulrich, Peter (2000): Lebensdienliche Marktwirtschaft und die Zukunftsverantwortung mündiger Wirtschaftsbürger, aus: **Bausch, Thomas; Böhler, Dietrich; Gronke, Horst; Rusche, Thomas; Stitzel, Michael; Werner, Micha H. (Hrsg.) (2000):** Zukunftsverantwortung in der Marktwirtschaft, Ethik und Wirtschaft im Dialog, Band 3, Lit Verlag, Münster, Hamburg, London

Ulrich, Peter (2001): Integrative Wirtschaftsethik – Grundlagen einer lebensdienlichen Ökonomie, 3., revidierte Auflage, Hauptverlag, Bern, Stuttgart, Wien

Ulrich, Peter (2002): Ethische Vernunft und ökonomische Rationalität zusammendenken – Ein Überblick über den St. Galler Ansatz der Integrativen Wirtschaftsethik, Berichte des Instituts für Wirtschaftsethik, Nr. 96, Institut für Wirtschaftsethik der Universität St. Gallen (Hrsg.)

Ulrich, Peter; Maak Thomas (Hrsg.) (2000): Die Wirtschaft in der Gesellschaft: Perspektiven an der Schwelle zum 3. Jahrtausend – St. Galler Beiträge zur Wirtschaftsethik, Bd. 27, Bern, Stuttgart, Wien, Hauptverlag

United Nations (2002): A Historic Collaborative Achievement: Inauguration of the Global Reporting Initiative, 4. April 2002, New York

Volkswagen Umweltbericht (Hrsg.) (2003/2004): Partnerschaft in Verantwortung, Wolfsburg

Walton, Clarence Cyril (1999): Soziale Verantwortung von Unternehmen aus dem amerikanischen von Thomas Pfeiffer (1999), Gerling Akademie Verlag GmbH, München

Waxenberger, Bernhard (1999): Ethik in der Wirtschaft?! Unternehmensberatung, in: Visura Zoom 3/99

Waxenberger, Bernhard (2001): Integritätsmanagement – Ein Gestaltungsmodell prinzipgeleiteter Unternehmensführung, St. Galler Beiträge zur Wirtschaftsethik, Insitut für Wirtschaftsethik der Universität St. Gallen (Hsg.), Verlag Paul Haupt, Bern, Stuttgart, Wien

Weiß, Ralf (2002): Unternehmensführung in der Reflexiven Modernisierung - Global Corporate Citizenship, Gesellschaftsstrategie und Unternehmenskommunikation, Metropolis-Verlag, Marburg

Werner, Klaus; Weiss, Hans (2003): Das neue Schwarzbuch Markenfirmen – die Machenschaften der Weltkonzerne, Franz Deuticke Verlagsgesellschaft m.b.H., Wien-Frankfurt/Main

Westebbe, A.; Logan, D. (1995): Corporate Citizenship: Unternehmen im gesellschaftlichen Dialog, Wiesbaden

WHO-Bericht in Zusammenarbeit mit Bundesverband der Betriebskrankenkassen (2002): Soziale Verantwortung von Unternehmen, Soziale Indikatoren zur Entwicklung von Gesundheit Wick, Ingeborg (2003): Workers Tool or PR ploy? A Guide to Codes of International Labour Practice (Bonn/Siegburg: Friedrich Ebert Stiftung und Südwind Institut für Ökonomie und Ökumene, 3. Revidierte Auflage, www.fes.de)

Wieland, Josef (1993): Formen der Institutionalisierung von Moral in amerikanischen Unternehmen. Die amerikanische Business-Ethics-Bewegung: Why and how they do it, Haupt, Bern u.a
.

Wood, D.J.; Logsdon, J. (2001): Theorising Business Citizenship, in: **Andriof, J.; McIntosh, M. (Hrsg.) (2001):** Perspectives on Corporate Citizenship, Sheffield, Greenleaf Publishing

Wunderer, Rolf; Jaritz, André (1999): Unternehmerisches Personalcontrolling – Evaluation der Wertschöpfung im Personalmanagement, 2., erweiterte Auflage, Luchterhand, Neuwied, Kriftel

Internetquellen der CSR-Initiativen

Organisation für wirtschaftliche Zusammenarbeit und Entwicklung
OECD: http://www.oecd.org
OECD Richtlinien für Multinationale Unternehmen:
http://www.oecd.org/dataoecd/56/40/1922480.pdf (07.04.2004)

Global Compact der Vereinten Nationen
Global Compact: http://www.unglobalcompact.org
Global Compact Prinzipien:
http://www.unglobalcompact.org/Portal/?NavigationTarget=/roles/portal_
user/aboutTheGC/nf/nf/theNinePrinciples (02.04.2004)
Millenniums-Entwicklungsziele:
http://www.un.org/millenniumgoals/ (02.04.2004)
Allgemeine Erklärung der Menschenrechte:
http://www.uno.de/menschen/index.cfm?ctg=udhr (02.04.2004)
Internationale Arbeitsorganisation: http://www.ilo.org

Global Reporting Initiative (GRI)
Global Reporting Initiative: http://www.globalreporting.org
GRI Richtlinien: http://www.globalreporting.org/guidelines/translations.
asp (09.04.2004)

Social Venture Network
SVN USA: http://www.svn.org
SVN Europa: http://www.svneurope.com/

Business Leader Forum
Business Leader Forum: http://www.iblf.org/

CSR-Standards

Internationale Organisation für Standardisierungen (ISO):
http://www.iso.org
Social Accountability 8000: http://www.cepaa.org/
AccountAbility 1000/2000: http://www.accountability.org.uk/
Ethics Compliance Management Standard 2000:
http://www.ie.reitaku-u.ac.jp/~davis/assets/applets/ecs2k-e.pdf
(10.05.2004)

Sozial verantwortliches Investieren

Domini 400 Social Index: http://www.domini.com
Dow-Jones Sustainability Indexe: http://www.sustainability-indexes.com
Ethibel Sustainability Index: http://www.ethibel.org/
Ethical Index Euro: http://www.e-cpartners.com
FTSE4Good: http://www.ftse.com/ftse4good/
Humanix Ethical Index: http://www.humanix.se
Grünbuch der Europäischen Kommission
EU-Grünbuch:
http://europa.eu.int/comm/employment_social/soc-dial/csr/greenpaper_
de.pdf (07.04.2004)

CSR Europe und European Campaign on CSR

CSR Europe: http://www.csreurope.org/
CSR Campaign: http://www.csr-campaign.org

Fair Trade Labelling

Fairtrade Labelling Organization: http://www.fairtrade.net
Fairtrade Österreich: http://www.fairtrade.at
Max Havelaar Gütesiegel (Fairtrade Schweiz):
http://www.maxhavelaar.ch

Clean Clothes Campaign

Clean Clothes Campaign: http://www.cleanclothes.org

Internationale Arbeitsorganisation: http://www.ilo.org

Global Alliance: http://www.theglobalalliance.org

Fair Wear Foundation: http://www.fairwear.nl

CSR Austria

Initiative «CSR Austria»: http://www.csr-austria.org

Österreichische Nachhaltigkeitsstrategie:
http://www.nachhaltigkeit.at/strategie.php3 (10.05.2004)

CorporAID

CorporAID: http://www.corporaid.at

Institut zur Cooperation bei Entwicklungsprojekten: http://www.icep.at

Trigos Unternehmerpreis

Trigos Unternehmerpreis: http://www.trigos.at/

Appendix A

UN Global Compact

Engagement mechanisms	Operational concepts	
Learning forums	• Example submission (mandatory)	
	• Business case studies	
	• Supportive research/analytical work	
	• Informal, issue-specific networks	
	• Annual conferences	
Policy dialogues	**Annual topic**	**Working groups**
	Role of business in zones of conflict	• Transparency
		• Conflict impact assessment and risk management
		• Multi-stakeholder partnerships
		• Revenue-sharing regimes
	Business and sustainable development	• Sustainable investment (LDC´s)
		• Sustainable entrepreneurship
		• Corporate management and sustainability
		• Investors and sustainability
Partnership projects	**Suggested parameters**	
	• Should be inspired by the Global Compact	
	• Should contribute to the Millennium Development Goals	
	• Should be carried out with other actors such as UN agencies, labour, NGOs and public-sector entities	
	• Should allow network participants to offer a substantial example of how they enact the principles (thus providing added incentives for them to do so)	
	• Projects involving several companies are particularly encouraged	
Outreach and network building	**Replication of global structure**	
	• National Learning Forums	
	• National Policy Dialog	
	• National Partnership Projects	

Global Compact governance	• Building strategic alliances
	• Innovating operational concepts
	• Inter-agency co-ordination
	• Advocacy and policy coherence of UN officials
	• Global Compact Advisory Council
	- protecting integrity
	- issue leadership

Tab. 12: Zusammenfassung der Global Compact Aktivitäten (Vgl. Leipziger (2003), S. 76)

Appendix B

Richtlinien für die GRI-Berichterstattung

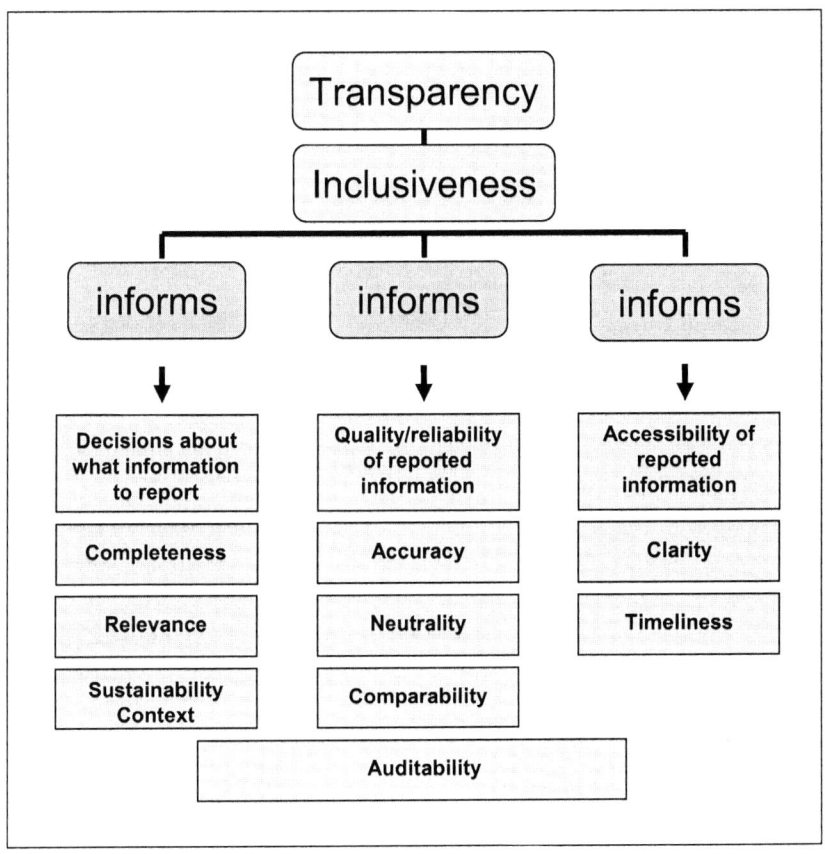

Abb. 16: *Prinzipien der Berichterstattung nach der Global Reporting Initiative (Vgl. Leipziger (2003), S. 439)*

Appendix C

Indizes für sozial verantwortliches Investieren

Grundsätze Indexbildung	Aufnahmekriterien	
	Ausschlusskritierien	Positivkriterien
Domini 400 Social Index (DSI) Domini Social Investments LLC./KLD		
Der Domini 400 Social Index spiegelt die Performance von 400 US-amerikanischen Unternehmen wider, die spezifischen sozialen und umweltbezogenen Kriterien genügen. Der nach Marktkapitalisierung gewichtete Index enthält ca. 250 Aktien aus dem Standard & Poors (S&P) 500, ca. 100 Großunternehmen, die nicht im S&P 500 gelistet sind sowie ca. 50 weitere Unternehmen, die sich durch ein besonderes soziales Engagement auszeichnen. (Auflage des Index: 1990)	• Militärwaffen und Waffen (umsatzabhängig) • Alkohol und Tabak • Glücksspiel • Atomenergie	Positive Aktivitäten im Bereich: • Umwelt • Diversität • Mitarbeiter • Sichere und nützliche Produkte
Dow-Jones Sustainability Index World der Dow Jones & Company und SAM Gruppe		
Die DJSI Indexfamilie beruht auf den Dow Jones Global Indexes. Die Dow Jones Sustainability World Indexes (DJSI World) messen die Performance der weltweit führenden Unternehmen in puncto Nachhaltigkeit. Als Komponenten des DJSI World werden die besten 10% aus den 2.500 Unternehmen des Dow Jones Global Indexes ausgewählt. Durch die Verwendung dieses «Best in class»-Ansatzes identifiziert SAM Unternehmen, die bezüglich unternehmerischer Nachhaltigkeit in ihrer Branche führend sind. Dabei beruht die Analyse sowohl auf allgemeinen als auch auf industriespezifischen Kriterien. Unternehmerische Nachhaltigkeit ist nach Auffassung des Index-Providers ein Geschäftsprinzip, mit dem langfristig der Shareholder Value gesteigert werden kann. (Auflage des Index: 1999)	• Alkohol • Glücksspiel • Tabak • Rüstungsindustrie und Feuerwaffen	• Strategie: Integration langfristiger ökonomischer, sozialer und ökologischer Aspekte in die Unternehmensstrategie. • Innovation: Investitionen in Innovationen, die einen nachhaltigen Umgang mit Ressourcen fördern. • Hoher Corporate Governance Standard. • Shareholders: Erfüllung langfristiger Performance und Produktivität sowie gute Reputation. • Arbeitnehmer und andere Stakeholder: Soziales Engagement, Stakeholder-Dialog. • Strategische Planung, Organisationsentwicklung, Wissensmanagement, Qualitätsmanagement, Corporate Governance.

Dow-Jones STOXX Sustainability Indexes der Dow Jones & Company und STOXX Ldt.

Die Dow Jones STOXX Sustainability Indexes (DJSI STOXX) messen die europäischen führenden Firmen in puncto Nachhaltigkeit. Als Komponenten des DJSI STOXX werden die besten 20% aus dem Dow Jones STOXXSM 600 Index ausgewählt. Ein aus diesem Benchmark berechneter regionaler Index ist auch für die Sustainability Leaders in der Euro-Zone erhältlich (DJSI EURO STOXX). (In Kraft seit: 2001)	Siehe Dow-Jones Sustainability Index	Siehe Dow-Jones Sustainability Index

Ethibel Sustainability Index in Kooperation mit Standard & Poors

Die Indexes beabsichtigen, in ihrer Zusammenstellung die sektorielle Streubreite des S&P Global 1200 möglichst genau nachzubilden. Die Indexes werden von S&P berechnet und fortgeführt, bleiben aber exklusives Eigentum von Ethibel. Es sind Indexes, die auf der öffentlich zugänglichen Marktkapitalisierung, dem sogenannten «free float», basieren. Sie beinhalten die «Best-in-class» Firmen in nachhaltigem Wirtschaften, und dies für alle Industriezweige in den Regionen Europa, Amerika und Süd-Ost-Asien. (Auflage des Index: 2002)	• Atomenergie • Alkohol, Tabak, Glücksspiel • Waffen • Tierquälerei • Pornografie • Gentechnik und Pestizide	Nachhaltige Entwicklung im Mittelpunkt: • Alle Aspekte der sozialen Verantwortung werden analysiert • Stakeholder Dialog

Ethical Index Euro der E.Capital Partners

Die Kriterien für die Indizes wurden auf Basis verschiedener Quellen entwickelt. Dazu zählen die UN Deklaration der Menschenrechte, das ILO-Protokoll, verschiedene Stellungnahmen von wissenschaftlichen und religiösen Institutionen, z.B. der Universität des Vatikan, sowie NGOs, die sich mit Fragen der Menschenrechte und des Umweltschutzes beschäftigen.	• Rüstungsindustrie, Alkohol und Tabak, Glücksspiel (umsatzabhängig) • Pornografie, Empfängnisverhütung (auf Anforderung), Verletzung Menschenrechte und ILO Prinzipien (totaler Ausschluss)	• Soziale Kriterien: Gute Beziehungen im lokalen Umfeld sowie mit Arbeitnehmern, Kunden, Mitbewerbern, Lieferanten. • Umweltkriterien: Gute Umweltstrategien, Mindeststandards und Öko-Management, umweltfreundliche Produkte, umweltfreundliche Produktionsprozesse, «Best-in-class-Ansätze».

FTSE4Good der Financial Times in Kooperation mit der London Stock Exchange

FTSE4GOOD ist eine Familie von handelbaren sowie Benchmark-Indizes, die Unternehmen aufnehmen, die sich besonders im Bereich der Corporate Social Responsibility engagieren. Die Lizenzeinnahmen und andere Einnahmen im Zusammenhang mit dem FTSE4GOOD werden an UNICEF gespendet. (Auflage des Index: 2001)	• Tabak • Nuklearwaffen • Atomenergie • Uranminen und Uranverarbeitung	• Nachhaltigkeitsstrategien • Entwicklung von positiven Stakeholderbeziehungen • Aufrechterhaltung und Unterstützung der allgemeinen Menschenrechte

V

Humanix Ethical Index der Humanix Holding AB		
Die Indizes setzen sich aus den grössten Firmen in 4 Regionen zusammen: Humanix 50 Schweden, Humanix 175 Europa, Humanix 175 USA und Humanix 200 Global. Der relative Anteil der Firmen am Index wird durch die relative Marktkapitalisierung bestimmt. (Auflage des Index: 2001)	• Umweltrisiken • Menschrechtsverletzung • Waffen Alkohol und Tabak (umsatzabhängig)	• Umweltengagement • Achtung der Menschenrechte

Tab. 13: *Auswahl an Aktienindizes für sozial verantwortliches Investieren (vgl. hierzu auch die Internetquellen der CSR-Initiativen)*

Appendix D

«Crossing Borders» - Projekt

1. Recipient MOC (Movimento de Organização Comunitària)
Coordinator Boris Unterer
Area Brazil

Purpose
In the north east of Brazil more than 60.000 children below fourteen years have to work in coalmines, in the Sisal industry or the brick production for their families' income. Due to the hard work, the children get sick, can neither read nor write and have no chance to develop their own future. The organization MOC (Movimento de Organização Comunitària) has developed a complex program for this region in order toarrest the spiral of poverty. Thanks to MOC and the support of communities, the sponsorship of families, and the construction and operation of schools, thousands of children could be released from vicious conditions. The employment and exploitation of children should be prevented in the following way: the parents get paid the same amount of money that their children would earn in their job. At the same time, the parents commit themselves to sending their children to a public school as well as to an enhanced «day school». In the day school, the children can enjoy their childhood but they are introduced as well into their rich cultural heritage of performing arts.

Support
Approximately € 73.000,- since 2001
With these means, new school buildings for about 100 students were built in the community such as Nova Fatima and other sites, educational equipment was bought and the training of teachers and tutors financed.

Feedback

The Austrian Development Service - HORIZONT 3000 is present in the region and continuously monitors the project.The project was awarded with the World Bank Award for Civil Rights 2002.

2. Pupils helping Pupils («Schüler helfen Schülern»)
Coordinator Franz Süss
Area Albania

Purpose

The schools in Fan – part of the Albanian province of Mirdite (in northern Albania) were left in a regrettable condition by the former communist regime. In this region, there are 15 schools where, due to the run-down conditions of the school building, meaningful instruction is no longer possible. Many school buildings have completely disintegrated, while those still standing have no washrooms or even heating. In May 1995 Paul Wohlgenannt, a committed elementary school principal from Vorarlberg, created the project «Pupils helping Pupils». The name of the project describes it well. Almost all materials are collected by pupils from the first to the eighth grade, through various campaigns and presentations.The project has in several respects a positive outcome.The primary goal is improving the school situation in Albania by constructing new schools. Existing schools will be supplied with new or second-hand furniture in good condition and the schoolchildren will receive clothes, schoolbags, writing materials, and schoolbooks. This will guarantee that the school project, once initiated, can continue. By participating in this project, the children in our region will have the possibility to develop their social consciousness. On-going written communication between schools in Albania and our region will contribute to the understanding between the two peoples.

All funds and aid goes directly, without detour or through an intermediate organization, to the place where assistance is needed. Three times per year the founder and initiator of the project travels to evaluate new projects and to ensure that donated funds and aid are used correctly. Almost 70 schools from our region (Austria, Switzerland, Lichtenstein, and Germany) have already been persuaded to contribute to this project. The schoolchildren collect money through various initiatives, such as Bazaars, shoeshine events, toy sales, contribution of pocket money, money earned at home, and much more.

Support

Approx. € 58.000, - since 2001.

Omicron matched every Euro collected by schoolchildren. An OMICRON employee (Niko Mylonas) shot a film about the project in Albania. Through the presentation of this film approximately €7.000, - in donations were collected.

Feedback

This contribution greatly increased the motivation of the students for the project.

Appendix E

«Ärzte ohne Grenzen» - Kampagne 2003

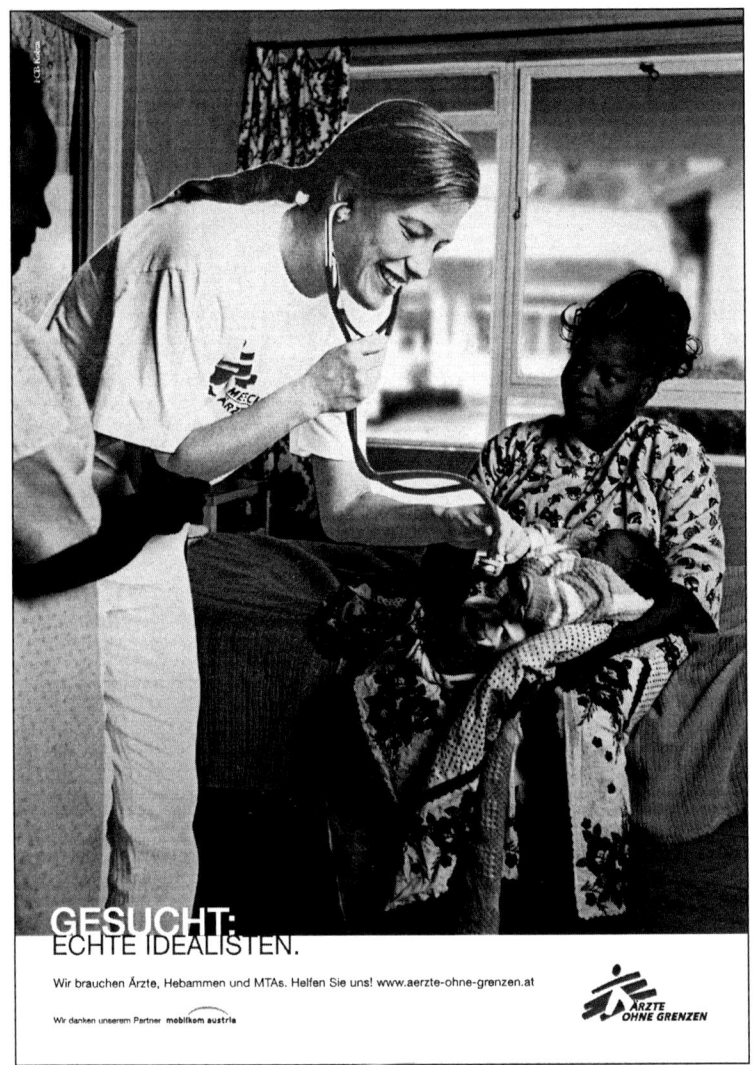

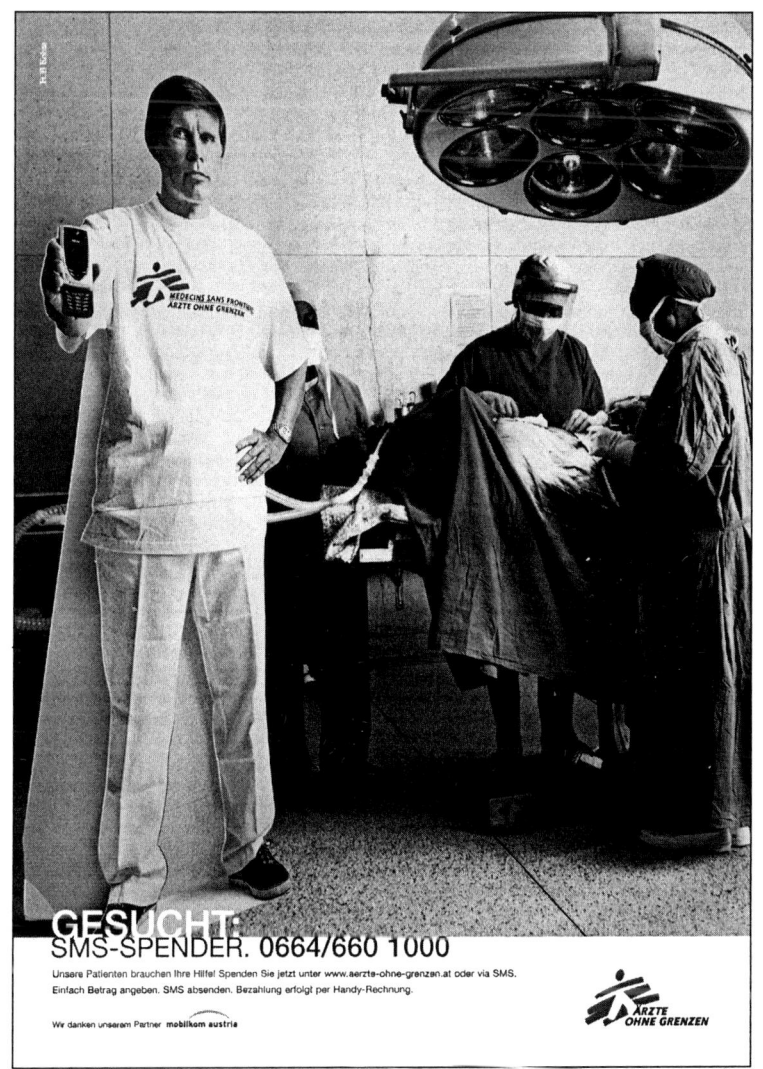

XIII

Wissenschaftliche Paperbacks
Wirtschaftswissenschaft

Walter Eucken
Wirtschaftsmacht und Wirtschaftsordnung
Londoner Vorträge zur Wirtschaftspolitik und zwei Beiträge zur Antimonopolpolitik. Herausgegeben vom Walter-Eucken-Archiv. Mit einem Nachwort von Walter Oswalt
Der Hauptteil dieses Buches besteht aus Walter Euckens letztem Werk: seinen Londoner Vorlesungen zur Wirtschaftspolitik (1950). Dazu kommen zwei bisher in Deutschland unveröffentlichte Beiträge zur Antimonopolpolitik (1947), in denen Eucken sein ordnungspolitisches Konzept auf den Punkt bringt: „Es sind also nicht die sogenannten Missbräuche wirtschaftlicher Macht zu bekämpfen, sondern wirtschaftliche Macht selbst". Walter Eucken, der als einer der wichtigsten Ökonomen des zwanzigsten Jahrhunderts gilt, zeigt als "Radikalliberaler" (Süddeutsche Zeitung) eine konsequente Alternative zum herrschenden Neoliberalismus. In einem ergänzenden Essay weist Walter Oswalt – an Hand von zum Teil unbekannten Dokumenten – nach, wie unter dem Etikett "Soziale Marktwirtschaft" Euckens Ordoliberalismus seit Ludwig Erhard für eine freiheitsfeindliche Politik missbraucht wurde. Dabei wird die Aktualität der euckenschen Konzeption im Zeitalter der Globalisierung sichtbar.
Bd. 1, 2001, 160 S., 17,90 €, br.,
ISBN 3-8258-4804-3

Wirtschaft: Forschung und Wissenschaft

Hans H. Bass (Hg.)
Facetten volkswirtschaftlicher Forschung
Festschrift für Karl Marten Barfuß
Die Entwicklung der Hochschule Bremen zu einer zeitgemäß international ausgerichteten, forschungsstarken Fachhochschule wurde von dem Wirtschaftshistoriker und Volkswirt Konrektor a. D. Prof. Dr. Karl Marten Barfuß wesentlich befördert. In dieser Festschrift anlässlich seiner Emeritierung präsentieren polnische, amerikanische, japanische, niederländische und deutsche Wissenschaftler aktuelle Beiträge volkswirtschaftlicher Forschung auf den Gebieten Wirtschafts- und Dogmengeschichte, Geld und Währung, Europäische Integration und Globalisierung sowie Kulturmanagement.
Bd. 7, 2004, 352 S., 29,90 €, br.,
ISBN 3-8258-7441-9

Aloys Prinz; Albert E. Steenge; Jörg Schmidt (Eds./Hg.)
Institutions in Legal and Economic Analysis/ Ökonomische und rechtliche Analyse von Institutionen
Institutionen werden bereits seit einiger Zeit aus ökonomischer und juristischer Perspektive wissenschaftlich analysiert. Das Volkswirtschaftliche Seminar in Rothenberge, das jährlich von Wissenschaftlern der School of Business, Public Administration and Technology der Universität Twente und des Instituts für Finanzwissenschaft der Westfälischen Wilhelms-Universität Münster veranstaltet wird, hat sich daher im Jahr 2003 mit rechts- und wirtschaftswissenschaftlichen Aspekten von Institutionen beschäftigt. Im vorliegenden Sammelband werden die Beiträge des Seminars vorgestellt. Im Mittelpunkt stehen neuere Analysen zur Rolle von Institutionen in der Ökonomie, zur effizienten Ausgestaltung institutioneller Arrangements sowie eine theoretische Diskussion des Coase-Theorems. Weitere Themen sind der Produktionsprozess an Hochschulen, die Ökonomie des Drogenhandels, sowie die Erklärung zwischenbetrieblicher Lohndifferenziale.
Bd. 9, 2004, 208 S., 19,90 €, br.,
ISBN 3-8258-7838-4

LIT Verlag Münster – Berlin – Hamburg – London – Wien
Grevener Str./Fresnostr. 2 48159 Münster
Tel.: 0251 – 62 032 22 – Fax: 0251 – 23 19 72
e-Mail: vertrieb@lit-verlag.de – http://www.lit-verlag.de